U0135130

10條路賺很大！

許瑞宋 譯

──富比世超級富豪肯恩·費雪教你如何變有錢！

The Ten Roads to Riches :
The Ways the Wealthy Got There (And How You Can Too!)

肯恩·費雪 Ken Fisher

菈菈·霍夫曼斯 Lara Hoffmans

目錄

序

爲什麼是 10 條路？

閱讀本書前，請先看本序言。

人人富有、無人貧窮，這樣不是很好嗎？世上無窮人，或者財富差異僅是她有 2,000 萬美元，他有 700 萬，而另一個人則有 70 億，這樣不是很好嗎？各位大可不同意我的說法，但我不覺得貧窮有什麼好處。不幸的是，無論是在你還是在我這一生，貧窮現象皆無法根除。但是，我相信你可以爲此盡一分力：令自己富有，同時爲社會創造財富。致富有數種恰當的途徑，只要走對一條路，令自己成爲有錢人，你可以讓世界變得更美好。正如你將在本書中所見，其他人將因你致富而獲益。例如我就希望你能做到。

但該怎麼做呢？嗯，這就是本書的重點。致富之路其實只有 10 條，本書會詳加說明，並爲你剖析每一條路的好處與壞處，讓你能從中選一條適合自己的。當然，我們會爲你解說每一條致富道路的基本原理。

　　的確，不是每一個人都有能力致富。但我確信多數人做得到，他們只是不曉得該怎麼做而已。如果更多人掌握致富的知識，我們將有更多富人，世界也會變得更美好。我希望你能看這本書，然後盡自己的一分力。

　　如果你因為我以前的著作或我長期撰寫的《富比世》（*Forbes*）「投資組合策略」（Portfolio Strategy）專欄而認識我，你或許不曉得我是一名「道路學者」（roads scholar）。不，不是領獎學金到牛津大學唸書的「羅德學者」（Rhodes scholar），而是更重要的那種，是研究致富成敗之路的人。

　　這一切從1950年代我還是小孩的時候就開始了，當時我的夢想是成為一名職業棒球捕手，十分崇拜尤吉・貝拉（Yogi Berra）。貝拉有一句名言：「當你走到岔路口時，選一條走。」數十年來，我將此當作座右銘，貼在離我座位三呎遠的佈告版上，上面還有一些我認為重要之人的照片與筆記。這可是數十年智慧才鍛煉出來的洞見，人生就是這麼回事嘛。此話其實也概括了發大財的要訣：了解面前的各條道路，選對路走就是了。

　　貝拉後來表示，那些「尤吉名言」幾乎都不是他說的。像上述那句話其實是他回家路上的駕駛指示，而因為那些岔路最終又連結起來，不管選哪一條走，都可以回到家。果真如此，此言即是一句饒富禪味的話，教人如何繼續前進，就像「走下去」（Further）這樣一句指令，對我們也是有用的。但在我成長過程中，我一直認為貝拉這位偉大的美國人講的是，如何在欠缺清楚路標的情況下，快速做一些重大、及時的決定。或許我一直以來都搞錯了，但我仍然比較喜歡自己的解讀。人生中有些路通向財富，有些則不是。後者並沒有什麼不對，但如果你選擇走這些路，你便不會得到財富，到時候可不要覺得意外。

要有條不紊地致富，道路基本上只有10條。找一條對味的堅持走下去就是了。但10條路（10條！）可以令人很混淆，這就是本書出版的理由了。看完它或許不會讓你成為一名「道路專家」，但你會知道如何走完自己所選擇的那條（或幾條）路。

有一點要事先聲明：如果你看過我先前的任何一本書，請注意，這一本是不一樣的。此前的著作基本上是講資本市場，主要是股市與債市，那是我作為一家環球資產管理公司創辦人與執行長的主要背景專長。我的公司為法人與富人管理逾450億美元的股票與債券資產。但本書不談資本市場，而是對那些非常有錢的人如何致富的一番微觀與宏觀剖析。當然，我們也會告訴你，其實你也完全做得到！

為什麼是10條路，而不是5條或100條？這是在下這位「道路專家」在36年的投資生涯中，持續觀察有錢人的結論。我曾仔細研究超過25,000名富有的客戶，其中有些還觀察了數十年之久。作為《富比世》的專欄作家長達24年，我已研究

「富比世美國400富豪榜」數十年，並為其撰寫文章。自2005年起，我自己也名列富比世的美國與全球富豪榜。我認識不少上榜的富豪，美國國內外皆有，並長期跟許多有錢人打交道。據我觀察所得，他們皆可歸入十種基本類型。

但本書並不是要講「有錢人的共通點」。關於這點，市面上的著作已經夠多了，也寫得很好。這些書通常談論「儉樸過活，儲蓄致富」這條路，從《下個富翁就是你》（*The Millionaire Next Door*）、《富爸爸，窮爸爸》（*Rich Dad, Poor Dad*）到《自動千萬富翁》（*The Automatic Millionaire*）都是如此。它們從美國傳統的清教徒背景出發，講述樸實、節儉、辛勤工作的人，如何透過經營加油站或拖車屋停駐場，存下數百萬美元。或是一個典型的中產階級屋主，收入普通、住普通社區、開一輛普通的舊車，每週工作70小時，明智地儲蓄與投資。這些書會勸讀者仿效他們。這的確是一條不錯的路，雖然無法產生鉅富，但卻是最普遍的致富之路。我稱之為「眾人之路」，是本書最後一章的內容。這是正當、有效的致富道路，是許多人所青睞之路，也是部分人士唯一能走的路。但雖然可行，它也只是致富的其中一條路，而且通常並非超級富豪所走的路。超級富豪可能節儉，也可能不怎麼節儉。他們因為掌握了另外九條致富之路的其中一條，創造了極多的財富，是否節儉對他們來說因此不是那麼重要。正如你將看到，節儉是美德，但卻不是成為鉅富的必要條件。

致富10路指示圖

　　沒人告訴你該怎麼做才能變得超有錢，這就是你為何需要這本書。但你可能不想超級富有。沒問題，不管你想擁有300萬、1,000萬還是3億美元的財富，致富10路指示圖同樣適用。

　　本書每一章講述一條致富之路，讀起來非常方便。如果不想從頭讀起，大可在看完本序言後隨意跳到書中某處開始看起。選一章開始看，如果覺得這不是適合自己的路，可以跳到另一章，找更適合的路。我在書中不時會提到其他致富之路，比如「不對，那不是這條路，那是第9章所講的路。」讀者可以將本書十章視為十小冊的一套書。

　　這10條路，不管哪一條，都並非適合所有人。這是不可能的！但只要你想成為有錢人，至少有一條是適合你的。到底是哪10條呢？為取得大量財富，你可以：

1. 開創一門成功的生意——這是能賺最多錢的路！
2. 成為某家現有企業的執行長，然後「榨」錢——很機械化的一步。
3. 搭乘富遠見卓識者的便車——附加價值很高的一條路。
4. 藉知名度發財——或是先發財再出名，然後發更大的財！
5. 嫁得好或娶得好——非常、非常好。
6. 透過律師這一行合法打劫——不需要用槍！

7. 利用他人之財（OPM）賺錢——多數富豪都是這樣。

8. 發明一個無窮盡的收入來源——雖然你不是發明家！

9. 將未實現的房地產財富套現，打敗不動產大亨！

10. 走眾人之路——努力存錢，明智投資，持之以恆！

請選一條走，幾條也行。我們會談到一些人，他們成功走過某一條路，然後轉換跑道。舉一個例子，你可以成為某個現有企業的執行長（第2章），把生意做起來，然後賣掉公司，拿這筆錢創辦自己的公司，做一番更成功的生意（第1章）。你也可以做一名媒體大亨（第4章）和成功的執行長。有些人會同時走兩條路，比如我本人是一家公司的創辦人與執行長（第1章），但這是一家為其他人投資理財的公司（第7章）。雙線發展難度較高，但做得到的話，可以較快致富。不過絕大多數的富豪終生只走一條路，這是有效且足夠有餘的。

警告：部分讀者可能會非常厭惡本書部分內容！

你可能會認為部分致富之路建議得很輕率，大聲抗議：「真荒謬，自己做生意風險太大了。」或是：「現在還有誰想投資房地產啊？那是一個泡沫。」還有人可能會說：「這主意不但糟糕，還俗不可耐！你怎麼能建議所有人都像**安娜‧妮可‧史密斯**（Anna Nicole Smith）或**約翰‧凱瑞**（John Kerry）那樣為錢結婚。」但這不是我的建議。又或者你根本反對我的

觀點，不認為自己應該富有。這也沒問題，你是否要致富以及如何處理金錢問題，完全取決於你自己，跟我沒有關係。生命中許多有意義的路是跟財富無關的。你應當找一條適合自己的路，不管那是否能讓你變有錢。

　　請注意：我保證部分致富之路，或某些具體手段，可能會讓你覺得被冒犯了。部分人士肯定會被冒犯到。亞馬遜網站上將會有人留言責難我，指我建議人家做的事真是可惡極了。為什麼呢？我不知道，但自古以來，某些致富方式總是冒犯到一些人。但這是沒問題的，不要忘了有10條路。每一條都適合某些人，但也會冒犯某些人，而被冒犯的可能就是你。抱歉！但請不要射殺傳信人。

　　如果你覺得某一章內容無聊或可惡，那就表示你不適合走那條路。把它看完或者跳過去，隨便你。我寫此書的目的並非冒犯人。例如，我在數章中舉自己爲例子，是因爲我掌握了自己大量的第一手資料。可能有讀者會覺得誇誇自談是很唐突的事，但我只是想闡明致富之路，無意冒犯讀者。如果你讀到火冒三丈，請喝杯酒、散散步、找條狗踢一下，總之做點事消消氣，然後，回來從另一章開始看起。

　　當然，會有一些人對「致富」此概念根本就徹底反感。如果你是這樣，我也沒有什麼話要講了。很顯然，你不會喜歡這本書。

　　事實上，致富通常意味著事情做得很好（你將會看到確實如此），也經常意味著活得精彩。鮑勃・諾宜斯（Bob Noyce，英特爾創辦人之一）若不是與夥伴發明了積體電路，人類今天的生活會是怎樣呢？諾宜斯選擇了一條讓全世界——富人、窮人，所有人——獲益匪淺的致富之路。這種善果在許多成功人士身上屢見不鮮，他們令世界變得更美好，自己則事業成功，財富豐收，並且享受生活。個人成功是可以惠及社會的，做得到的話，感覺非常好。

　　好消息是，你這輩子要賺3,000萬美元並不是那麼困難——很少人會跟你這麼說。舉一個例子：你可以開創一門規模不算很大的生意（第1章），十年內將年度營收擴大至1,500萬美元。如果利潤率有10%，你每年盈利就有150萬。如果可以有20倍的本益比——這並不算過份，你的生意就值3,000萬美元了。再過幾年，你會知道這盤生意是否能進一步顯著擴張。可以的話你會非常富有，不行的話你可以賣掉公司，套現3,000萬，然後享受人生，或者做另一門生意，或者退休！隨便你。

不可能嗎？不！無聊嗎？也不。如果失敗了，還可以重頭開始。所以要趁年輕開始嘗試，一輩子可能會有三到五次機會。創業失敗可以再試一次，也可以換一條路走。還有其他九條呢！

怎樣才算有錢？

那麼，「有錢」對你來說代表什麼呢？100萬？500萬？5,000萬？還是100億？對某些人而言算充裕的財富，對另一些人來說可能遠遠不夠。舉一個例子：有一對教師夫妻，年收入6萬美元。其中一人兼職工作，在家照顧兩名小孩。普通的收入，普通的生活，但他們每年都充分注資自己的個人退休帳戶，並且投資得很明智。到65歲，他們相信可以存有400萬美元；若有利用學校的403（b）退休儲蓄計劃，則會更多。這400萬元如果管理得好，每年稅後實質收益可達16萬美元

（4%的分配率）。這對夫婦可能會覺得很富有，因為退休後收入增加逾150%。如果你的收入增加1.5倍，相信也會覺得很富有。

再看此例：有一位年收入60萬美元的外科醫生，住豪宅，開名車，妻子每年做一次除皺美容，夫婦倆花大錢度假，過著奢華的生活。他相信自己負擔得起。何樂不為呢？畢竟是他的錢。退休時，他也存了400萬美元。那麼，他會滿足於每年16萬美元的退休收入嗎？不會的，因為那只是他往常收入的27%而已。由此可見，同樣是400萬，有些人會覺得很富足，有些人則覺得很窮。在財富主人眼中，「富有」真的是一個相對的概念。

那麼，現在做一名有錢人得注意什麼？一般而言，因為大家更長命了，所以現在財富要比以往更能持久。上述外科醫生退休時可能是60歲，他風華正茂的妻子則是45歲。他可能再活20年，她則可能再活55年——直至100歲。他們那400萬美元必須夠她花到百年歸老。在接下來的55年中，只要出現幾次高通膨時期，她可能就會覺得這400萬元很不夠用，感覺很拮据。

以前家財百萬即稱富翁，現在再也不是了。視實際情況而定，財務策劃師通常會告訴你，每年不要動用逾4%的資產，而某些人士的適用比率可能低很多。但一名家財百萬的人如果還有30年的生活要過，每年動用4%的財富，其所得會低於我所住社區——鄰近昂貴的舊金山——的收入中位數。這不算貧窮，但也不富有。因此，何謂富有，最終還是要你自己決定。感覺富有就是富有。

　　但如果你掌握了致富之道，你很可能不必去想這些問題，因為你將創造大量財富，根本不必為錢是否夠用操心。在本書中你將看到一些非常富有的例子，對他們來說，節儉無論如何都不是重要考量。要做到這一點，你只需要有效掌握一條發大財的路。

名氣問題

　　本書的重點不在名人，雖然我以許多名人為成功（及失敗）的範例。本書講的是致富之道，重點不在人。名人基本上有兩種，一種是先出名，然後藉名氣致富。像拳王喬治‧福爾曼（George Foreman）退休時身無分文，但名氣很響，他便靠著此名氣建立起一家企業（第4章）。莫夫‧格里芬（Merv Griffin）從藝人做起，薄有名氣後建立起龐大的媒體事業，變得非常有錢，甚至一度登上富比世400大富豪榜（同見第4章）。第二種名人則是先發財再出名，大家很容易會想到華倫‧巴菲特（Warren Buffet），或是羅恩‧佩雷曼（Ron Perelman），他們因為創造了鉅額財富而名聞遐邇。

　　就先名後利的致富方法，我有一些逆耳忠言。如第四章所述，如果你投身演戲、歌唱、運動或其他娛樂事業，是以致富為明確目標的話，那麼你的動機是錯的，路會極度難走。這雖然是正當的致富之道，但請聽忠告：其他致富途徑成功的機率大得多。這不是對名氣本質的評論，名氣本身無所謂好壞。做一名歌手或演員的正確動機，應是渴望歌唱或演戲。我會讓你看一些統計數據，它們很駭人，一面倒顯示成功者少之又少，多數人窮得要命。名氣並不是目標。在本書中，我無可避免會論及名氣問題，但焦點還是在致富之道上。

例如，在先發財後出名的類型中，很難不提比爾・蓋茲（Bill Gates），他是某條致富之路的成功極致。在闡述一條致富之路時，如果完全不提最成功的例子，又怎麼說得過去呢？但我把焦點放在那些走過該致富之路，但較不出名或根本就默默無聞的富人上，他們藉該致富之路創造了可觀但並不驚人的財富。我認為他們對讀者來說應該更有參考價值。如果你想看比爾・蓋茲或其他名人的八卦，網路上有的是。本書的目的只是辨清這些名人走的是哪一條致富之路，並告訴讀者這些路該怎麼走才能獲得成功——成功的程度則悉隨尊便。

其他致富之路又如何？

致富真的只有10條路嗎？是，但也可說不是。要成為富人還是有其他途徑的，只是你完全無法加以規劃。例如，我不能寫一本書教你如何繼承5,000萬美元的遺產，因為你要不是跟有錢人有親屬關係，要不就是沒有關係。如何避免揮霍掉一筆豐厚的遺產，或是如何避免惹惱祖父、讓他將遺產留給慈善團體而不是你——像**派瑞絲・希爾頓**（Paris Hilton）的祖父那樣，倒是可以寫一本書。又或者像**雷歐娜・赫姆斯蕾**（Leona Helmsley）那樣，2007年過世時留下1,200萬美元給她的瑪爾濟斯寵物犬「麻煩」（Trouble），小狗的監護人——雷歐娜的兄弟拿到更多，而她的孫兒們則有一半不獲分文，甚至連探望小狗的權利都沒有。[1]她的其餘遺產（估計在50-80億美元之內）則打算捐做「狗隻福利」用途——美國人道協會（Humane Society）應可取得大筆款項。[2]如何成為一名遺產繼承人，或是如何成為備受寵愛的小狗，是沒有什麼策略可言的。

　　而如何成為超有錢的樂透大獎得主，也是沒有策略可言的。但這不應該是你的願望，因為「樂透大獎詛咒」眾所週知且記錄詳盡。並不是每一位樂透大獎得主都會很快遭遇厄運，但這種事真的頗常見，你也難以逃脫。

　　譬如，小傑弗里・丹皮雅（Jeffrey Dampier Jr.）據說是一

[1]　The Associated Press, "Helmsley's Dog Gets $12 Million in Will," *Washington Post* (August 29, 2007), http://www.washingtonpost.com/wp-dyn/content/article/2007/08/29/AR2007082900491.html.

[2]　Stephanie Strom, "Helmsley Left Dogs Billions in Her Will," *New York Times* (July 2, 2008), http://www.nytimes.com/2008/07/02/us/02gift.html.

個好人。他在芝加哥西城區艱苦長大，幸運贏得伊利諾州樂透2,000萬美元的獎金。他因此從寒冷多雪的芝加哥遷往佛羅里達，但並沒有忘了家人：他為父母與九個兄弟姊妹買了大量禮物，出錢讓他們旅遊，為他們購車購屋。他甚至款待姻親，但這一切滿足不了他妻子的姐妹維多利亞。她與男友綁架了小丹皮雅，並開槍射殺他。丟了性命，就再也不能坐遊輪暢遊加勒比海了。[3]

傑克‧維特克（Jack Whittaker）2002年贏得獎金3.15億美元的威力球樂透。不久之後，妻子離開了他（錢買不到愛），至愛的孫女服藥過量而死，女兒則罹患癌症。如此不幸，的確需要自我療傷，但維特克多次酒駕，則無可原諒。他經常光顧脫衣舞夜總會，結果亦損失慘重。有一次他上夜總會時，車子遭竊，被偷了60萬美元的現金（這些錢後來追回來了，但維特克的名譽則毀了）。他的錢也很難追蹤，以至他一再出現支票跳票，甚至遭亞特蘭大一家賭場控告以空頭支票詐欺（check-kiting）。他估計自己總共捲入460宗訴訟。[4]無可否認的是，他仍然很有錢，而且還精力充沛——就此而言要比丹皮雅先生好

---

[3]　The Associated Press, "Two Arrested In Slaying Of Illinois Lottery Winner," *CBS2Chicago* (July 29, 2005), (http://cbs2chicago.com/topstories/Victoria. Jackson.Jeffrey.2.319832.html.

[4]　Shaya Tayefe Mohajer, "Powerball Win: Fantasy or Nightmare?" *Washington Post* (September 14, 2007), http://www.washingtonpost.com/wp-dyn/content/ article/2007/09/14/AR2007091400612.html.

得多。但460宗訴訟？這是災難，而不是富有了。它讓我想起著名的墨西哥詛咒：「祝你的生活滿是律師。」另外就是，這不是你可以規劃的致富方式，而且你也不想遭遇這種厄運。

　　經由研究，我確信透過致富10路創造財富的人，結果要比那些無法事先規劃、幸運得到財富的人來得快樂。自我創富的人掙得財富，對於自己的錢相對較有自信。閱讀《10條路，賺很大！》時，你將看到許多快樂的人。你的確也將看到少數不快樂的富人，我會以他們為例提出一些忠告。例如，在第6章中，我會談到如何合法搶錢。這可能是會冒犯一些讀者的敏感題材，而被冒犯的可能正是你！但我會告訴你，走這條路的人自我感覺相當好。然後我也會講一些忘了要守法的例子，他們做的事幾乎一模一樣，但因為犯了法而入獄，自我感覺就沒那麼好了。

　　每一章都有成功與失敗的例子，以及成敗的兩面教訓。但成功走上致富10路跟快樂生活也有密切關係。第5章的標題並不是「跟有錢人結婚」（Marry Rich），那可能含有在沒有愛情的基礎上為錢結婚的意思，如此結局可能是有錢但也痛苦。我們的標題是「嫁得好或娶得好」（Marry Well），講的是一整套的好東西。但這一章也會談到一些會導致失敗與痛苦，因此需要規避的錯誤。每一條致富之路都有需要避開的死胡同。

又開一筆

　　就致富而言，無心插柳的例子也是有的，但萬中無一。例如，有人駕駛帆船出海，船沉了，他潛到海底尋找，結果發現寶藏。但這不代表你也應該駕船出海。那不是致富之道，那只是純粹運氣好。某人因做了某些事而成功，不代表你應當模仿。例如，正如第8章指出，寫作是非常體面的職業，但因此致富的人不多。但如果你是一名作家並想賺很多錢，我會告訴你應該怎麼做。不過，寫作基本上是出於愛好，而不是為了錢。沒錯，的確有少數人像JK羅琳（J.K. Rowling）或史蒂芬金（Stephen King）那麼成功。我會談到他們，讓你了解他們如何走上致富之路，而作為一名作家，你又能如何追隨他們的範例。但第8章講的主要是這些人的意外轉折，畢竟寫作並非可靠的致富之路，成功者少之又少。

　　而且寫書是相當辛勞的工作。那麼，既然寫作不是致富的好辦法，我又為什麼要費心寫，特別是寫這本書呢？有兩個原因！首先，寫作是出於對這件事本身的熱愛，而我長久以來一直喜歡並享受寫作。第二，因為我已經相當富有，這本書是我的一種回饋，為有志致富的人指明路向，好讓想加入有錢人行列的讀者也能做到。我已經58歲了，事業已到晚期，去日苦多。我和太太有三名已長大成人的兒子，住在想住的地方，做自己想做的事，而且有自己的嗜好。我心目中回饋社會的方式，並非捐款給歌劇事業。不是歌劇有什麼不對，只是那不是我所熱衷的。我的公益事業長期以來建基於對生命的關懷，我個人多數財富將捐給約翰普金斯醫學院。如此一來，我身後還能透過資助醫學研究造福世人。事實上，就財務上而言，我已有很長一段時間是在為這家傑出的醫學院工作。對我而言，回饋社會並不是當一名童軍領袖。當然，當童軍領袖也沒有什麼不好，只是我不熱衷而已。對我來說，這本書是回饋社會的合理方式，可以讓某些人——或許是許多人，也或許就是你——首度了解自己如何能有條有理地致富。

正道

現在你已拿到路徑圖，準備好出發了。請視每一章為一次試驗，該致富之路可能適合你，也可能不適合。但對所有有志致富的人來說，總有一條適合的路，只要你能避開常見的陷阱就可以了。這些致富之路的妙處是，無論環境順逆都有效。走其他道路的人遭遇如何並不重要，你只需要找到自己的路，並堅持走下去就行了。

書中談到某些人物可能是你心儀的榜樣，某些（有時是可笑的）則是警惕我們不要犯錯的例子。但即使是這些較為可笑的例子，當事人也賺得大筆財富。誰能斷定哪些是正確的範例，哪些是可笑的例子呢？如果你想致富，只要某條路能讓你快樂追尋、不違法、心靈不受創，又有誰能說那是你不該走的路呢？如果那意味著穿一套公雞裝（如第4章的例子）在眾人面前跳舞，你我又能斷言些什麼呢？

願你的致富旅程由此開始！如果你看完這本書，認為這10條路沒有一條適合自己，而你也沒有興趣當一名「道路專家」，那麼至少你也已經了解這10條路，可以避免自己將來走上一條死胡同。這也不錯，對吧？

請享受此趟旅程，你會看到許多為自己找到正確方向的人，就從他們身上學點東西吧。

1 賺最大的一條路

有令人信服的願景？
具領導才能？
擁有通情達理的另一半？
你或許正適合開創一番事業。

這是賺最大的一條路。創辦自己的公司能創造驚人的財富。美國前十大富豪中，有一半是靠自行創業，包括**比爾·蓋茲**（財富淨值590億美元）、賭場大亨**薛爾頓·艾德森**（Sheldon Adelson，280億美元）、甲骨文執行長**賴利·艾利森**（Larry Ellison，260億），以及Google兩位創辦人**賽吉·布林**（Sergey Brin）與**賴利·培基**（Larry Page），身家各為185億美元。[1]緊接其後的還有資訊巨頭、現為紐約市長的**麥可·彭**

---

[1] Matthew Miller, "The Forbes 400", *Forbes* (September 20, 2007), http://www.forbes.com/2007/09/19/richest-americans-forbes-lists-richlist07-cx_mm_0920rich_land.html.

博（Michael Bloomberg，115億）、Nike老闆**菲爾・奈特**（Phil Knight，98億）、私募基金鉅子**史蒂芬・史瓦茲曼**（Stephen Schwarzman，78億）、折扣經紀商**查爾斯・施瓦布**（Charles Schwab，55億），以及幾乎每一個產業最富有的美國人。[2]更妙的是，這些傢伙不但自己賺得驚人財富，還造就許多追隨者一同發財（見第3章）。

而且，這是一條對產業、教育背景或家世都沒有什麼限制的路，博士或大學中輟生一律歡迎。但請注意，此路不適合膽小懦弱者。創業者需要膽識、紀律、鐵氟龍般的皮膚（Teflon skin）、策略視野、能幹的輔助團隊，或許還需要運氣。欠缺企業家精神的人不必考慮此路，畏首畏尾者也一樣。

請注意，這是艱辛之路，很少新企業能生存超過四年[3]。創業是「美國夢」，但成功則需要超人般的魄力。成功的關鍵在於令自己業務與眾不同的一點新意，而且必須是能奏效的新意。

你是那種幹勁衝天的人嗎？你能像Nike創辦人奈特所言，「做就對了」（Just do it）嗎？無論是核心業務還是經營事務，你都必須極為拿手。光有願景是不行的！你不但要聰明幹練，還得有魅力，懂策略思維以及具備領導才能。我見過的成功創

---

[2] 同上。

[3] Small Business Association, "Frequently Asked Questions" (August 2007), http://www.sba.gov/advo/stats/sbfaq.pdf.

業者中，無一不能吸引一群追隨者。他們就是很厲害，不但對產品瞭如指掌，在銷售與行銷上亦非常有技巧。他們也學會了授權，並且建立起公司的文化，同化一波又一波的新進員工，讓企業在執行長以外產生自己的生命力。很苛求，對吧？

走上創業之路前，你必須回答以下五個關鍵問題：

1. 你能改變世界的哪一部分？
2. 你是要創造一項新產品，還是改造現有的產品？
3. 你希望持續經營所創辦的企業，還是伺機出售？
4. 你需要外來的融資，還是能自給自足？
5. 你的企業未來是否會向公眾發行股票，成為上市公司？

確定路向

第一個問題：你能改變世界的哪一部分？沒錯，創業者或多或少都會帶來一些改變。最理想的情況當然是能在自己熱衷的領域創造改變。即使是在很糟的產業中，改變亦能創造價值。將糟糕的事變得不糟糕，一點都不簡單！如果你並沒有對哪一個領域特別熱衷，跟隨資金的方向、專注在高價值領域應該也行得通。你可以跳到第7章，了解如何確定哪些領域是最有價值的。

你也可以聚焦於在美國以至全球前景看好的產業。例如，

服務業已大幅擴張，事實上在美國經濟中的比重已高達近
80%。[4]可以確定的是，科技的作用將越來越關鍵。醫療保健也
是，不管景氣好壞，我們對醫療服務的需求有增無減。金融業
近來飽受重擊，但人們對投資與借貸永遠有需求，創業者尤其
如此。這些很可能會是越來越重要的領域。

　　你也可以逆向思考，聚焦於那些前景黯淡的產業。我現在
並非在預測未來幾年某一產業的發展，但長期而言，在工會勢
力很強的產業（如汽車與航空業），企業將緩慢、痛苦地步向
衰亡，其股票的投資報酬率會非常差。這些企業最終將被那些有辦法避開工會掣肘的業者取代。你可能會想創辦這樣一家公司，帶來改變並取代積重難返的現有業者。

> 選一個前景看好的領域。

小規模起家，但別忘了擴充潛力

　　創業時，小規模起家是最好的。沒有什麼創業者是以創辦
下一家微軟為目標，他們開始時大多是在媽媽的車庫中玩玩電
腦。我創設自己的公司時，規模就很小。那時如果你問我將來
是否會擴張到今天的規模，我一定會大笑。從小做起、逐步擴
張是最好的，但一定要隨時思考業務的擴充潛力。

　　舉一個例子，乾洗店是小生意，創業門檻很低，需求彈性

4　Bureau of Economic Analysis.

也相當低──即使景氣不好，大家還是需要乾淨的衣服。但正因爲如此，乾洗業務很難擴充成全國性的大生意，也就是說，它欠缺擴充潛力。乾洗連鎖集團幾乎是不存在的。如果你經營一家或數家地方乾洗店，又能掙得多少財富呢？不過，或許你正是克服此障礙的天才，有辦法建立一個大型乾洗連鎖集團──像是成爲乾洗業的山姆·沃爾頓（Sam Walton，沃爾瑪創始人）。

和乾洗店一樣，玉米餅小攤（taco stand）也是小生意，創業門檻也很低──只需要玉米粉薄烙餅和一輛手推車，但擴充潛力卻很大。

> 小規模起家，但夢想要夠大。

你開車上高速公路時，不會特地下交流道去捧一家乾洗店的場，但卻會爲了光顧自己喜愛的玉米餅小店而這麼做。舉一個例子，Chipotle原本只是丹佛市一家墨西哥捲餅小店，在麥當勞投資後擴充成全國連鎖集團，公司並於2006年上市。這是因爲他們能充分利用業務的擴充潛力，集中採購、大型廣告宣傳以及科技應用的好處發揮得淋漓盡致。眞是由小變大的好例子。

創新還是改良？

接著講第二個問題。企業家改變世界的方式基本上有兩種：創造出眞正的新產品或服務，塡補市場上的供給空缺，或是改良現有的產品，提升效率。你要做哪一種呢？創新的例子有**比爾蓋茲**以及蘋果的執行長**史蒂夫‧賈伯斯**（Steve Jobs，身家57億美元）。[5] 還有**維爾家樂**（Will Keith Kellogg），玉米片與穀類早餐食品的創造者。以及**約翰迪爾**（John Deere），發明鋼犁的鐵匠，其創辦的企業是美國歷史最悠久公司之一。完全的創新！

創新可以是出於個人需要。改變自己世界的一小部分，報酬可以非常可觀。我的朋友麥克‧伍德（Mike Wood）是一名智慧財產權律師，對於找不到好的電子遊戲協助他兒子學發音非常不滿。受此啟發，他在1995年創辦LeapFrog公司。九年後退出時，他的股權價值5,340萬美元。[6] 麥克休閒時會拿起吉他唱一些牛仔歌，顯露他富創意的一面。你可能會以為自己需要一個MIT（麻省理工學院）學位才能發現下一個優秀產品，但事實上，有時你需要的只是發現別人和自己同樣有某個市場尚未滿足的需求——或許也需要一些創意，以及幾首牛仔歌。

如果想不出新產品，你可以嘗試改良現有的。現今的企業家富豪中，很多只是改良了市場上現有的產品，提升效能、生產效率或是利潤。

---

[5]　見註1。

[6]　George Raine, "LeapFrog Founder Steps Down," *San Francisco Chronicle* (September 2, 2004), http://www.sfgate.com/cgi-bin/article.cgi?file=/chronicle/archive/2004/09/02/BUG8M8I4K41.DTL&type=business.

像**施瓦布**（身家55億美元）[7]就並非折扣經紀商的發明者，他只是廣泛普及這種業務模式。Bose音響執行長**阿瑪·舶仕**（Amar Bose，身家18億美元）[8]也並非立體聲喇叭

> 創造新產品，還是改良現有產品？你得做個選擇。

的發明人，但他創造出頂級的揚聲器。帆船鞋也並非Crocs創辦人所發明，但在他們手上成為難看得要命卻又異常暢銷的產品。公司市值高達15億美元[9]，Crocs創辦人可以踏著他們難看的鞋子，一路笑著去銀行了。這些傢伙以盈利能力更強的新方式供應市場上本已存在的產品，創造了財富與就業機會，促進國家的經濟成長。真的了不起。

創新的另一個方式，是透過建立獨有的通路，提升效率並降低成本。沃爾瑪創始人**山姆·沃爾頓**正是如此，標榜以低價供應商品。他的眼光創造了鉅額的財富，留給他四個孩子（包括一名女婿）每人超過160億美元[10]的遺產。

你也可以試著反沃爾頓之道而行，刻意以非常、非常貴的價格賣一些簡單的商品。像Polo公司的執行長**羅夫·勞倫**（Ralph Lauren，身家47億美元）[11]，高價販售以他姓名為品牌的

---

[7] 見註1。

[8] 同上。

[9] Bloomberg, as of 03/24/2008.

[10] 見註1。

[11] 同上。

服飾，賺得不亦樂乎。勞倫還跨足戶外服飾（美國2008奧運代表隊的服裝是他設計的，他也一度為愛斯本滑雪公司設計巡邏人員的制服[12]，夠高檔吧？）、傢俱與室內陳設、香水，甚至是家居油漆。勞倫發現，只要有好的品牌策略，理智的人也會願意為一條簡單不過的男褲付出高昂的溢價。想想吧！Vera Wang是另一位時裝天才，她將傳統的白色婚紗禮服推至極致，一套禮服可以賣2萬美元以上，利潤極為豐厚，當然也賺了大錢。要做到這樣，必須建立具創意且令人信服的品牌，很難的！

伺機出售還是永久經營？

　　第三個關鍵問題：創業後你如何規劃未來？是想打造一家可以一代一代傳承下去的企業，還是打算擴張後賣掉，套現脫身？兩者都是可行的，建立一個自己不想永久經營的生意並沒有問題。有些創業者希望自己的生意能留傳後世，有些則只想伺機套現。創一番可留傳後世的生意是很困難的事，一般創業者並不想這麼做，也不是很多人能做到。但很多創業者能建立起一家公司，賣個500萬、2,000萬，甚至是5億美元，然後去

[12] Samantha Critchell, "Resorts Recruit Top Designers to Outfit Ski Patrol," *USA Today* (December 20, 2006), http://www.usatoday.com/travel/destinations/ski/2006-11-28-ski-fashion_x.htm.

做別的事。隨你高興！

伺機套現

創業後伺機賣掉生意是較為容易的事，比較不用煩惱繼承問題。發現某種具吸引力的商機後，你得從公司買主的立場想：「我的生意能靠什麼吸引人來收購？」答案是：盈利，或盈利潛力。另外，你的生意必須是可轉讓的，也就是說，你這位創辦人必須是可替代的。創業後套現可以令你相當富有，但通常不會是超級富有，不過這是沒問題的。記得那些Nantucket Nectars果汁廣告嗎？「您好，我是湯姆。我也是湯姆。我們是賣果汁的。」這兩位湯姆1989年起開著小船在Nantucket港向遊客販售自製果汁。2002年，Cadbury Schweppes公司認為這生意大有可為，將該品牌果汁納入公司原本已非常發達的通路，獲利潛力非常大，因此斥資1億美元收購了Nantucket Nectars。[13] 兩位湯姆都不在富比世400大富豪榜上，但他們對自己的創業收穫應該相當滿意吧。

加州人應該記得「H. Salt炸魚薯條」，這家英式炸魚薯條店在1960年代生意一度做得很大。H. Salt是指Haddon Salt先生，他與妻子從英國移居加州，帶著他們深愛的油炸鱈魚食

---

[13] Gwendolyn Bounds, Kelly K. Spors, and Raymund Flandez, "Psst! The Secrets Of Serial Success," *Yahoo! Finance* (August 28, 2007), http://finance.yahoo.com/career-work/article/103425/Psst!-The-Secrets-Of-Serial-Success.

> 打造一家企業，套現或傳世皆有利可圖。

譜，創辦了這家炸魚薯條店，在加州擴張到相當大的規模。1969年Salt將生意賣給肯德基，當時共有93家店[14]，現今則只剩下26家。[15]Salt在乎嗎？他早就拿了錢，退休享福去了。他現在有空就玩玩音色棒透了的電子小提琴。開創型的企業家常兼具創意與熱情。（Salt拉的小提琴由Zeta Music製造，該公司的經營者爲第9章介紹的Grover Wickersham。）

許多企業轉手後不久就衰落，但這無損創辦人的成就。如果買主把生意搞垮了，那是買主的錯，不是創辦人的問題。如果你將來也賣掉自己創辦的公司，就不要再爲它煩惱了。（順帶一提，許多創業者賣掉公司退休後，才發現令自己快樂的是經營生意的挑戰。爲時已晚啊。）

創業傳世

如果你對自己的企業總是放不下心來，並且希望留下傳世的基業，那麼你追求的是創業的極致成就。問題是，你可能不夠長命，看不到自己所創的事業攀上頂峰。像陶氏化學（Dow Chemical）創辦人陶赫伯（Herbert H. Dow），在公司成爲美國第三大、第二大，以至最大化學企業時，他早就過世了。但他

---

[14] "Franchising: New Power for 500,000 Small Businessmen," *Time* (April 18, 1969), http://www.time.com/time/magazine/article/0,9171,844780,00.html.

[15] "H. Salt炸魚薯條" 店址見http://www.hsalt.com/locations.htm。

留給世界的遺產惠澤他的子孫後代，陶氏化學的員工以及其家屬。

小時候我父親視陶赫伯爲偶像，成長過程中，無數次聽他引述陶先生的話。對我來說，陶赫伯是一名偉人。陶氏靠製造無機化學品起家，最初生產漂白劑。公司以過人的效率生產基礎材料，撙節成本，削價攻佔市場，年復一年擴充版圖。當我年輕時，陶氏的發展焦點仍相當牢固，當年他們是最大的無機化學品廠商，在美國化學企業中排名第五。現今陶氏已是美國化學產業龍頭廠商，全球排名第二。陶赫伯泉下有知，定必老懷安慰。這就是傳世基業！

雖然我不做大宗商品或製造業生意，我仍試著將從父親那裡學到的，有關陶赫伯的一切應用在我的公司上。如果我現在寫的是純粹談如何建立傳世事業的一本書，陶赫伯的哲理與現實經驗會是核心內容。舉一個例子，陶氏強調在產業低潮時期大力加碼投資，因爲他知道競爭對手沒有這麼做的膽識。這有什麼好處？當景氣轉佳時，陶氏已具備先進、低成本、高效率的新產能，可輕易奪取那些膽識不夠的業者的生意。

「陶氏主義」的另一個做法是招聘完全沒有工作經驗的畢業生，讓他們在公司建立終身的事業，永久地融入公司的文化。有何好處？忠誠、奉獻，以及非此無法擁有的企業文化。陶氏有一句名言（我父親重複了無數次）：「永遠不要提拔還沒犯過大錯的人，他們還沒眞正做過什麼。」

在社會尚未盛行現今許多歪理（譬如何謂「理想的」董事會，要由政府與法規決定）的年代，陶赫伯堅持董事會以公司前幹部為主。已退休但仍持有股權的前幹部對公司極度忠心，而且因為不必怕被執行長開除，可以保持較高的獨立性。他們對公司的人事皆瞭若指掌，因此遇事能迅速掌握狀況。四十年前我還年輕時，這種基本的董事會結構仍大致保持完好。這種安排的好處是，沒有執行長能隻手遮天，瞞住董事會胡作非為。如果安隆也是這樣，公司就不會那樣垮掉。陶赫伯80年前就已知道，充斥外來人士的董事會（現今上市公司的標準形態）基本上是廢物。

> 伺機套現要從收購方的角度思考，創業傳世要有企業主人的心態。

如果我們的社會有陶赫伯的智慧，大家的日子會更好過。盡可能不要請外部人士當公司董事，這樣對公司比較好。外部人士喜歡當董事，但他們對企業真的一點價值都沒有。公司需要的各種顧問，你全部都能請得到，也可以跟他們交朋友，但你不需要他們當你公司的董事。

建立企業文化

如要創立可傳世的事業，創始人最重要的任務之一是建立可持久的企業文化，好讓創始人離開後，公司仍能長期堅持創始人的策略視野。如果你做不到這一點，你的繼承人可能很快就會將公司賣掉，或是把它搞得亂七八糟，面目全非。

我的公司設在舊金山半島山頂的樹林裡，是很少人想得到的地點。我這一輩子都住在山林中，認為這是既平靜又有益健康的工作環境。很多年前，當我們規模日漸擴大，員工越來越多時，本地業界人士將我們貶為「山上的教派」。我不知道自己是否成功，但如果是的話，在我過世很久之後，他們將稱我們為「有強健文化的公司」，因為如果你想建立的是足可傳世的事業，你必須培養出一種強健的企業文化，足以防範任何人、事、經濟週期或是社會趨勢扭曲創業時的基本價值。陶赫伯正做到了這一點。

自給自足還是接受外來融資？

第四個問題：需要大量資本嗎？換個方式來說是：你未來需要外來的股權投資，以至自己的股權遭稀釋嗎？還是你基本上可自給自足，靠盈利與銀行貸款即能支應業務成長的需要？

資本密集型企業通常集中在工業、製造業、原物料、礦產、製藥、科技與生物技術等產業。非資本密集型企業通常集中在服務業，如金融業、第7章闡述的資產管理業、諮詢業，或許還包括軟體業。但即使是非資本密集型產業，創業者也可能想一開始就投入重本。這麼做的好處是能以較大的規模開始經營，成長也能快一些。在資金上自給自足需要很高的耐性，而且擴張之路可能曠日持久。小規模起家，然後將盈利再投資在生意上，慢慢擴充，這種模式非常考驗創業者的耐性。

「由大做起」聽起來很棒，但請注意：創投業者對於創業這件事要比你老練得多。他們為無數的創業計劃提供融資，而你一輩子則可能只做一至數次。創投業者為你的公司提供資本，並不是為了做公益，而是為了股權，以及超出他們應得份額的盈利。他們能擬定行動策略，到你的公司接受第二或第三輪注資時，他們所佔的股權可以大到超乎你的想像。如果你能在資金上自給自足的話，你即可自由運用公司的現金流，而且也不需要對外來者卑躬屈膝。因此，盡可能避免跟創投業者打交道吧。（如果你決定跟創投業者合作，我不需要浪費時間告訴你該怎麼做了。市面上這方面的書早已滿坑滿谷。）

> 盡可能自給自足，不要招惹創投業者。

要上市嗎？

最後一個問題：你創立的公司將來要上市嗎？講到公司執行長，大家通常會想到的是上市公司的總裁，像比爾蓋茲或賈伯斯——赫赫有名的人、了不起的公司。但其實絕大多數企業是非上市公司。我個人認為不要上市比較好。這有點像在自給自足與接受外來融資之間的選擇。一般來說，企業上市是為了籌集資本，但也一併將靈魂賣給了公眾。和接受創投業者注資一樣，上市之後你就得跟其他股東糾纏，而上市公司的股東可能數以百萬！

許多人將首次公開發行（IPO）想得太理想，以為上市之後財富滾滾。雖然的確有極少數的IPO無比成功——如Google、微軟與甲骨文，但絕大多數是失敗的。正如我在近期更新的1987年著作《華爾街的華爾茲》（*The Wall Street Waltz*）中所闡述，IPO通常代表著「股價很可能定得太高了」（It's Probably Overpriced）。絕大多數新股上市後表現令人失望。而作為創業執行長，你的麻煩才剛開始。公司一旦上市，你即受制於陌生人與針對上市公司的各種額外法規，永遠、永遠，阿門。你得跟這些人、監管者以及法院分享對公司的控制權，而他們有時根本不可理喻。

不上市的話，麻煩沒那麼多！**科費德**（Fred Koch）於1940年創辦科氏工業集團（Koch Industries），現在可能是全球最大的非上市公司，年度營收估計高達900億美元[16]，是一家了不起的巨無霸。科費德精明幹練，商業觸覺靈敏，而且還非常厭惡共產主義者——這一點令他更深得我心。在創辦科氏工業前，科費德在蘇聯建設煉油廠，幾乎炒掉全部蘇聯工程師，以

---

[16] 見註1。

非共產主義者取而代之。[17]眞喜歡他這一點！

雖然產業環境非常嚴苛，競爭對手是環球經營、深具影響力的巨頭，且各地的政府都一樣討厭，科氏工業仍茁壯成長。目前經營該公司的是科費德的兒子大衛與查爾斯，各自擁有170億美元的財富。[18]這是靠實力打拚出來的成就，不過這家人對人和善極了。而他們也不覺得有必要將公司上市。事實上，**查爾斯**就曾表示，「我死也不會讓科氏上市。」[19]希望他兒子Chase（將繼承大量股權）也是這麼想吧。

我和查爾斯所見略同。在社區的超市購物時，我有時會碰到一些本地客戶。他們期望我花時間跟他們聊聊，認爲我應該這麼做。而我也會隨他們所願，因爲我跟他們之間是一種自願、平等的業務關係——他們不必聘請我理財，而我也不是非得接受他們爲客戶不可。這是雙方的共同選擇。大家達成協議，因此我願意爲他們付出時間。

上市公司就不是這樣。如果你是一家上市公司的執行長，你無法控制哪些人來當你的股東。所有人都可以成爲你的股東，包括那些存心敲詐勒索的無賴，只要透過網路帳戶買進你公司的股票就可以了。他們可能會在超市的冷凍食品區纏著你

---

[17] Daniel Fisher, "Mr. Big," *Forbes* (March 13, 2006), http://www.forbes.com/global/2006/0313/024.html.

[18] 見註1。

[19] 見註17。

不放，然後找律師控告你（請參閱講述法律強盜的第6章）。你不能跟他們對話，他們的利益通常對你的長期願景及公司的體質有害，他們可能只關心下星期的股價。

為公司的前途著想，有時你必須做一些代價高昂的決策，可能會損及當下的盈利與股價。但現今的公眾卻常常目光短淺。另外，如果事情尚未公諸於世，你在超市裡也不能跟任何人講，否則你個人與公司都會遭遇法律麻煩。因此，當你在乳品區碰到人時，請微笑、握手、閉嘴，然後趕緊逃跑，躲起來。

> 你的公司誰在管？你、某某、公眾、法院，還是監管者？

所以，你應該盡可能不要讓公司上市，好讓自己在超市裡只會碰到客戶與供應商。但這麼說不代表我不喜歡上市公司的股票。我喜歡，我的生意正是建基於股票投資。我只是從來都不想經營一家上市公司。你也不應該。

眾人攻擊的目標

建基立業、聘用員工是非常有滿足感的事。不過，凡事都有討厭的一面：事業做得越大，會招來越多人的攻擊。真正成大事業者，無不練就銅皮鋼骨，大風大浪也很難傷到他們的自尊。

　　打從一開始，你就會遭受嘲笑與奚落。你創業是基於某種創新或改良，這種新意當然並非現有的。多數人欠缺和你一樣的眼光，他們會認為你有些瘋狂——直至大家認為你的生意成功了，屆時你會被捧為富遠見的企業家。大獲成功的創業者無不經歷這種過程，而且通常越是成功，起初所受的嘲笑越多。

　　經營路上，你也將飽受嘲笑。當我的公司開始針對富豪級投資人展開DM宣傳（我比較喜歡稱之為垃圾郵件）時，業內專家說我們瘋了。當我們透過網路進行直效行銷（direct marketing）時，他們的反應也一樣——不行啦，無效的！然後是電台、平面以及電視廣告。這些都有效，是我們擴展業務的一些方法。但幾乎所有所謂的專家都覺得我們頭腦有問題。當我們在其他國家做這些事時，當地「專家」就會說：「這在美國或許有效，但在這裡一定不行。」這些只是例子。其實不管你做什麼，如果是真正可行的，在你證實成功之前，幾乎所有人都會認為你是瘋了。

　　待你生意日漸成功時，你將招惹日益惡毒的攻擊者。出於自私的原因，他們通常會要弄各種狡詐的手段。視你的業務性質而定，當你的員工人數達100至600人時，就會發生這種事，而此時你離鉅富還遠得很。此時你必須強力反擊，將攻擊者擊潰。我可以保證，你生意做得越大、越成功，會招來越多卑鄙的無賴攻擊。有些是想要錢（為什麼不呢？他們沒有能力自己賺錢），有些則因為覺得受到冒犯或怠慢——或真或假，原因或個人或社會——而控告你，有些則是希望搶你的客戶。

　　這不是可口可樂與百事可樂間的對抗，也不是蘋果可愛的電腦廣告中，年輕活潑的麥金塔對上肥胖戴眼鏡（像我）的PC。那些是正常的商業競爭，而我講的是惡意的中傷與誹謗，目的是搶走你的客戶，並阻撓你的業務擴張。或許這也算是另類的常態吧！這些攻擊瑣碎、卑劣，但只要能說服比較好騙的少數人，即能取得一定成效。你必須有效因應，否則就會失敗。真正的創業CEO是不會失敗的。

駭客、暴徒與虧空者

　　和所有其他企業一樣，我的公司也必須擊退各式各樣的鬼祟攻擊。我就親身見識過小規模的競爭對手、大型業者中的惡棍、潛在的虧空者、證券刑事犯，甚至是俄羅斯黑幫，他們都很「正常」地想搶我們客戶的錢。還有前員工！這些人都懂得利用媒體，試圖製造一些能破壞你公司聲譽的報導，目的是奪取你的奮鬥成果。此外，現今每一家大公司每天都會遭遇數十甚至數百次駭客攻擊，試圖穿透公司的電腦防火牆，盜取客戶資料以竊用帳戶、身份或盜取款項。他們都不是善類。作為創業CEO，你必須比他們更強悍。

　　遭員工或客戶提起集體訴訟是平常不過的事。只要夠大（薪資總額超過3,000萬美元），任何一家公司都會遇到這種事。原告律師通常只是掠奪者，是專攻勒索表演的藝人，目的是迫使公司付錢了事（見第6章）。這些律師才是最大的得益者，員工與客戶皆不是。這種律師從不接受以下事實：員工為你公司工作，是在考慮過其他較差選擇後的自主決定，沒有人逼迫他們；客戶購買你的產品，並不是受了誰的逼迫，而是因為市場上的其他選擇較不理想。這些寄生蟲永遠、永遠都是那麼自以為是。創業CEO必須夠堅強，在照顧好客戶、員工以及產品品質之餘，找到好的殺蟲劑。我建議以毒攻毒，請一些原告律師來對

> 你會被人控告，被攻擊，然後再被控告。這是創業成功的代價。

付他們的同行，他們對彼此的伎倆再熟不過了。為了對付盜賊，我會請最好的大盜，不斷供應美酒，讓他們物有所值。對吧，夥計！

堅持不懈

Nike創始人**奈特**就是絕佳例子。起初沒人相信他做得到，但他就是把一家成功的大型跨國企業建立起來，為消費者提供優質、尖端的產品，在全球各地創造了數以千計的職位。

1960年代日本是美國的廉價商品供應國，角色就像現今的中國。（那時候，美國人對企業將製造業外包給日本有諸多抱怨，情況跟現今不滿中國一樣。）那時美國跑鞋又重又不舒服，德國則有輕便舒適但昂貴的跑鞋，每雙賣約30美元，相

當於現今的 215 美元。[20]

奈特是一名對日本文化深感興趣的平凡跑手，就讀商學院時寫了一篇論文，名為「日本運動鞋能取代德國運動鞋，像日本相機取代德國相機那樣嗎？」換句話說是，日本能低價製造優質跑鞋嗎？[21]

奈特從日本進口性能媲美德國跑鞋，但價格更為便宜的鞋子，開著他的破車賣起運動鞋來。[22]這家無畏的小公司後來就成了 Nike（從小做起，但夢想要大，逐步擴張）。除了顧客，沒人相信奈特的鞋子價廉物美，但顧客才是最重要的。如果業內其他人士想得出這主意，他們早就做這生意了。他們沒有，因此也無法理解為何 Nike 的策略能成功。

Nike 起初以認真的運動員為目標顧客。但我們很少人是認真的運動員，我們有的是腳，數以百萬計週末想動一動的腳，以及數以百萬計坐慣了沙發的腳，都可能穿上 Nike 的鞋子。如何吸引大眾穿 Nike 呢？奈特找到一名才華橫溢的年輕籃球員，讓他當 Nike 的代言人。他就是麥可・喬丹（Michael Jordon）。突然間，所有人都希望「像麥可一樣」。那時候，名人代言的

---

[20] 通膨換算工具見 http://data.bls.gov/cgi-bin/cpicalc.pl。

[21] Jackie Krentzman, "The Force Behind the Nike Empire," *Stanford Magazine* (January 1997), http://www.stanfordalumni.org/news/magazine/1997/janfeb/articles/knight.html.

[22] 同上。

行銷方式還沒有那麼盛行，而喬丹爲Nike品牌代言則是空前的成功。自此之後，Nike成爲「品牌機器」。突然間，秀出Nike的商標成了很酷的潮流。

但自然的，隨著生意成功，奈特也遭到責難。爲保持產品價格廉宜，Nike許多產品在新興市場國家的工廠製造。典型的亞當・史密斯（Adam Smith）！典型的反資本主義者**麥克・摩爾**（Michael Moore）的攻擊目標。在他那本胡說八道的書《*Downside This!*》中，摩爾控訴Nike的海外工廠工作環境惡劣。媒體蜂擁跟進，甚至有人呼籲杯葛Nike，以抗議該公司將業務「外包」以及涉嫌苛待海外工人。奈特的攻擊者希望製造轟動社會的故事，另外也想藉此推動他們的社會工作。

他們有他們的觀點，奈特有奈特的見解。他認爲，雖然海外工廠的工作條件不符美國中產階層的標準，但那些工人並非被迫在這些工廠工作。他們是自願的，而且，一般來說收入遠高於當地一般水準[23]，而且福利也較佳，例如廠內有診所，員工的子女能上學。他們到Nike的工廠工作，是因爲這是他們較佳的選擇。當然，這些說法無法減少奈特所受的抨擊。他遭遇的責難來自四面八方，甚至包括他的母校。但奈特立場堅定，不爲所動，終始認爲要以廉宜價格提供高質運動鞋，那些海外工

---

[23] Benjamin Powell, "In Defense of 'Sweatshops'," *The Library of Economics and Library* (June 2, 2008), http://www.econlib.org/library/Columns/y2008/Powellsweatshops.html.

廠是有必要的。

　　我的看法是：一般人若像奈特那樣受到抨擊，可能早就厭倦，將公司賣掉了。在簽了喬丹後，奈特其實可以只做運動鞋，成爲具吸引力的收購目標。如果那時賣掉公司，他不會登上富比世400大富豪榜，但也足夠有錢，而且也不會遭受後來種種討厭的攻擊。他也不必應付股東，可以安靜地購物。但他沒有屈服，這對Nike的員工、股東以及愛買價格合理運動鞋的消費者來說都是好事。奈特堅持不懈，繼續打造他王國，拓展到運動鞋以外的領域，最終戰勝了各方責難者。奈特打造出足以流傳後世的Nike，這種膽識與韌性是相當罕見的。你有嗎？

創業者要懂得捨棄

　　所以，如果你想當一名創業者，就必須勇往直前。創業者必須先有所捨棄。如果你有一份工作，請辭職。找一個維持生活的方法，然後創你的業。如果你在唸書，請退學。如果你是美國總統，請辭職，把工作交給你當初選擇的副總統，去做自己認爲更有價值的事。不要猶豫，辭職，創業。創業者開創事業前，必須先有所捨棄。

　　你一旦辭職，生活會變得很安靜。除了你的配偶和孩子，再沒有人煩你。找一個可以安靜工作的地方。如果你住的是工作室套房，請隔出一個角落，不要讓你的配偶打擾你。不管是在哪裡，為自己找一個工作的空間。起初最常陪你工作的，莫過於你的公事包和行動電腦。

有關企業家精神，市場上著述已豐，因此我僅提供某些建議。第一個建議是，你得看幾本書，我的好介紹有：

- 《*Innovation and Entrepreneurship*》，彼得‧杜拉克（Peter Drucker）著。企業家成功須知的絕佳概述。
- 《*Entrepreneurship for Dummies*》，凱薩琳‧艾倫（Kathleen Allen）著。告訴你創業必須知道的基本實務，尤其是何時及何處需要律師。
- 《*Beyond Entrepreneurship*》，柯林斯與拉齊爾（James C. Collins & William C. Lazier）合著。講的是創業之後如何更上層樓，打造一家偉大的企業。

拿起你的書，走進你安靜的工作角落。我想你還會有一部自己慣用的行動電腦——如果你不是長期在亞馬遜叢林裡隱居避世的話，你一定用慣電腦，對吧？再找一個四四方方、實用、不花巧的公事包。現在在你的安靜角落坐一會。很安靜對吧？因為什麼事也沒發生啊。因此，請將行動電腦以及一本書放進公事包，走出你的安靜角落。出發。

金‧華特森（Gene Watson）曾創辦多家雷射公司，包括1960年代產業先驅Coherent Radiation及Spectra-Physics。1970年代我們合作一宗雷射生意時，他反覆跟我說：「問題在這裡，但機會在外邊。」你也不能待在自己的安靜角落，必須出去找機會。如果你不知道該去哪裡，先找個公園吧。拿出你的電腦，擬出20個可能會幫襯你的顧客，按重要次序排列好。如果你想不出20個潛在顧客，那就代表你還缺一些重要的東西；你應該回家，再重看這一章，或者是選另一條路走。

接著你應該去找這20個潛在客戶中重要性最低──而不是最高──的三位，跟他們談你的鴻圖大計，並請他們付錢給你，以交換你未來將提供的商品或服務。他們為什麼會願意見你？因為你是你，一家蓄勢待發新企業的創始人及CEO，你有很好的主意，可以改變他們的世界，讓他們受益匪淺。

暫時不要去見你最重要的潛在客戶，因為你還沒準備好，你的生意策略還未成熟。更好的做法是擬出第21至40位的潛在客戶，先跟他們談，以免一開始就失去最重要的客戶。但你必須出門、講話、提問、聆聽。這是非做不可的。你的生意下一步該如何進行，在這些拜訪過程中會逐漸明確。暫時不要去註冊你的企業，先不要請律師，不要正式成立公司，不要租辦公室，也不要籌資。還不到時候。請先引起客戶的興趣。

為什麼我說要放一本書在你的公事包中呢？因為你拜訪客戶的行程是排不滿的，一有空檔正好看書，這可以令你對創業這件事越來越深思熟慮。而跟客戶會面則可助你了解下一步該怎麼走。如果你能說服客戶付錢換取你構思中的產品，你自然會知道接下來該怎麼做。

學會分派工作

再次提醒你，不要忘了自己是創業者，因此必須學會放手。如果你的創業主意真的有新意、有價值，你會發現潛在客戶對你想賣的商品非常有興趣。果真如此，你可以停止拜訪潛在客戶，請一個推銷員替你做這工作，這是非常合理的事。因為首先你需要銷售人員為你創造業績。其次是，你支付推銷員的是銷售佣金，也就是說不必先付錢（你也沒有這筆錢）。還有，如果這位推銷員夠本事，你就能專注做其他事（除了當CEO外，所有其他事你都應該放手）。

許多推銷員希望有底薪。別想了，你不必請這種推銷員。你想要的業務人員必須了解並認同你的創業熱誠、眼光及大展拳腳的期盼，他或她應當胸懷有朝一日成為一家大企業全國銷售經理的抱負。理想的推銷員跟你一樣具企業家精神，只是程度稍遜於你。他或她會是一位好副手（見第3章），希望能跟著你掙大錢。

記住：「問題在這裡，但機會在外邊。」既然已經有人幫你跑業務，你可以回到你的安靜角落，然後發現……還是很安靜。你應該連這也放手，請人駐守，以便有事時有人照料。你希望有一天這地方叫做「公司總部」，而且是熱鬧、繁忙的總部。你必須請人駐守總部，你自己則應出外找機會，要跟客戶與潛在客戶保持接觸，這樣才能掌握市場脈動。

到公園裡走走

你要做的事多著呢。你可以回到你熟悉的公園，坐下來，拿出行動電腦，列出公司總部一旦開始繁忙，有哪些事需要照料。如果你公事包裡有《Entrepreneurship for Dummies》這本書，裡面有不錯的建議，可以幫你擬出這張清單。想想能否找到一個能處理清單上一半事務的人，就算難以面面俱到也好，聘請這個人當公司的營運副總裁。如果此人有本事持續快速將你的生意創見落實，那就最好了。這位營運副總的職責是跟進業務代表接到的單，確保公司能如期交貨。

早上醒來時，你應該問自己：「總部員工各有所忙，我出去做什麼好？」然後你可以問業務代表與營運副總：「今天我可以爲你做些什麼嗎？」然後你可以致電15位潛在客戶，問他們：「今天我可以爲你做些什麼嗎？」眞是太簡單了，簡直就不必浪費筆墨寫出來嘛。

有一天你照著上一段的指示做後，你會跟業務代表說：「是時候再請一位業務代表了，你來負責培訓和管理，這樣我們的營運副總才能更忙一些。」講完就做吧。當然，那一天你還是會照常致電15位潛在客戶，保持工作狀態嘛。

或許你是那種很能放手讓員工做事的人。如果是的話，你在公園列出事務清單後，就著手請人負責這些工作吧，譬如行銷、售後服務、產品開發以及招聘等。一請到適合人選，就放手讓員工去做吧。然後你還是每天問員工：「今天我可以為你做些什麼嗎？」如果他們真的希望你幫忙做些什麼，沒問題，就做吧。但第二天就不要再做了，請一個人來負責。

這就是企業家做的事，並不是什麼火箭科學、高深莫測的事。如果你跟著我的指示做，你就是一名創業CEO了——雖然還是小公司而已。如果你想當大企業的CEO，請看第2章——「CEO的致富之路」，它會告訴你如何建立更大型的公司。創業者的路就講到這裡，請看下一章吧。

創業指南

創業是美國夢。但多數新公司熬不過四年，怎樣才能成功呢？請參考以下指南。

1. **選對路徑**。你想改變世界的哪一部分？選一個前景看好的領域，或是一個你有把握成功改造、擺脫困境的產業。

2. **小規模起家，但夢想要大**。別想一開始就做一家Nike。找一個需要創新或改良的領域，不管業務規模多小，但不能忘了要有擴充潛力。

3. **創新或改良**。你得創造新商品或是改良現有的產品，或兩者兼具。創新要有令人驚奇的本事，但推陳出新，把現有的商品做得更好、更快、更便宜、更賺錢也行。

4. **創業傳世，或伺機出售**。這是兩種不同的思維，做法不同，要考量的事也不同，因此盡可能早一些決定要走哪條路。當然，你可把王國建立起來，最後決定轉手賣掉也行。但如果你想建立可留傳後世的事業，必須抱持企業主人的心態。如果想伺機出售，則要從收購者的立場思考。

5. **接受外來融資，或自給自足**。如果你做的是資本密集型生意，你需要外來的資本，否則你可以選擇自給自足。跟創投業者合作意味著伺機賣掉公司，因為創投公司總有一天要套現脫身。如果你想建立留傳後代的事業，應

　　盡可能在資本上自給自足，這樣比較自由。但兩條路都是可行的。

6. **上市，或保持非上市**。公司上市有助提高聲望，但代價不菲。盡可能不要上市，因為這樣比較自由，公司也更好控制，而且不必應酬無謂的人。

7. **頂住責難，勇往直前**。樹大招風，生意越大會招來越多攻擊，創業者必須夠堅強。

8. **學會放手**。創業者必須放手讓員工做事，不要呆坐辦公室，請人駐守，出外找機會，直至公司生意繁忙。了解每一項關鍵職務，然後請人負責。

9. **永遠不要脫離客戶**。就算有優秀的業務代表，你還是必須跟客戶與潛在客戶保持聯繫。永遠不要脫離客戶，否則你的生意不會長久。

2 | 不好意思，那是我的王位

承擔責任與經營生意對你來說都易如反掌，
但你卻不是具遠見的企業創辦人？
也許你的未來就是坐擁角落辦公室（corner office）。

美國企業史上最優秀的部分CEO並非公司的創辦人，奇異（GE）前執行長傑克·威爾許（Jack Welch）就是最佳例子。非創業型CEO可以帶領公司攀上不可思議的高峰。在現有基礎上拓展生意有時要比白手起家容易，因此創業CEO通常坐擁更多財富，但單單做一名CEO的報酬也極為豐厚。這的確是一條致富之路，即使你並不嚮往成為億萬富翁。美國大型企業的CEO，有一半年收入超過830萬美元。[1]

---

[1] Nancy Moran and Rodney Yap, "O'Neal Ranks No. 5 on Payout List, Group Says," *Bloomberg* (November 2, 2007), http://www.bloomberg.com/apps/news?pid=20601109&&sid=aPxzn5U8zNBo&refer=home.

　　警告在先：戴上CEO王冠後頭會很重。企業的成就很少完全、直接歸功於執行長。俗話說，「成功有一千位父親，失敗卻是私生子」。CEO永遠是那名沒人要認的私生子。因此，一次嚴重的挫敗即足以摧毀CEO的前途。當一名執行長必須夠強悍，現今更是如此。執行長一旦失敗，不但會丟掉工作，還常遭媒體踐踏，甚至是遭起訴。CEO常常僅因為薪酬豐厚而被妖魔化，但他們薪酬很高，正是因為面對很高的職業風險。

　　要走這條路，你必須具備領導與執行才幹，方能在公司中爬上頂峰、被捧為聖人，以及保住王位。世人喜愛成功的CEO，將他們捧為英雄！但正如我們將看到的，英雄、狗熊以至怪物往往只是一線之隔。

得來不易──耐性與辛勞

　　從哪裡開始好呢？跟第1章一樣，從你有熱情的地方開始。除極少數創業者外，多數CEO都不年輕。攀上執行長寶座需要頗長一段時間，因此你最好享受此一旅程。為一家你喜愛的公司、在一個你有熱情的領域工作，是極為重要的──此外當然是錢越多越好（參考第7章的賺錢潛力評估作業）。不過，當上CEO要撐很久，因此工作熱情比金錢報酬更重要。你得喜歡自己做的事。

　　雖然成為 CEO 是有捷徑的（稍後詳述），但你通常得長期辛勞工作，付出應付的代價。好消息是，一旦成功，你往往能保住王位很久。像**漢克・葛林柏格**（Hank Greenberg，身家 28 億美元）[2]，1968 年獲美國國際集團（AIG）創業 CEO 史帶（Cornelius Vander Starr）傳授執行長寶座，一做將近 40 年，2005 年才退下來。微軟執行長**史蒂夫・鮑默**（Steve Ballmer，身家 152 億美元）[3]則是比爾蓋茲的長期副手（見第 3 章），2000 年出任 CEO。鮑默先當副手，修成正果當上執行長，兩條路都走得很成功。事實上，許多非創業型 CEO 都曾經是創業者的副手，要學他們的本事，請看第 3 章。

> 要當上 CEO 需時頗久，因此得選一個真正喜歡的領域。

　　但如果你表現不好，即使是勞苦功高才登上寶座，也會很快被踢走。想想**史丹・奧尼爾**（Stan O'Neal）的例子，他 1986 年加入美林證券，早就是**大衛・柯曼斯基**（David Komansky）公認的接班人，2001 年成為美林總裁，2003 年出任 CEO，但

---

[2]　Matthew Miller, "The Forbes 400," *Forbes* (September 20, 2007), http://www.forbes.com/2007/09/19/richest-americans-forbes-lists-richlist07-cx_mm_0920rich_land.html.

[3]　同上。

2007年即倉皇辭去。[4]基本上是被踢走的！但是據我估算，包含遣散費在內，他擔任執行長短短數年總所得約為3.07億美元。[5]真不賴。

CEO之路（從我父親講起）

CEO最重要的特質是具備領導才能。如果你欠缺領導能力，是不可能成為CEO的。但你不必天生就是當領袖的料（雖然有些人的確有領導天賦），這是可以培養的。不過領導能力必不可缺。你可以沒有魅力，但必須能領導員工。

那麼，領導能力能如何培養呢？嗯，我向你保證，我並非天生的領袖人才（差遠了），因此，讓我告訴你我的個人經歷，因為你或許也能透過類似方法成為一名領袖。故事得從我父親菲力浦·費雪（Philip Fisher）講起。家父非常聰明，但得了一種當年尚未診斷出來的症狀，即現在已廣為人知的亞斯伯格症（Asperger Syndrome）——一種類似自閉症的問題，人們常稱之為「怪胎症」，因為患者通常看似「怪胎」。亞斯伯格症

4　Clive Horwood, "How Stan O'Neal Went from the Production Line to the Front line of Investment Banking," *Euromoney* (July 2006), http://www.euromoney.com/Article/1042086/Article.html.

5　Leuters, "Business Briefs," *New York Times* (March 11, 2006), http://query.nytimes.com/gst/fullpage.html?res=9902EED91331F932A25750C0A9609C8B63.

患者智商極高，數學、言語及書寫能力都很好，但社交能力很差。他們常常顯得焦躁不安，會持續踱步，手會不由自主地拍東西。患者幾乎完全沒有能力想像別人的感受，這是他們的關鍵特徵，而我父親在這方面是很典型的。他可以說出極度刻薄傷人的話，但卻是無心的。所有人都知道某種情況會令人產生某些反應，但他就是不曉得，就像是活在情緒反應的真空狀態一樣。

和多數亞斯伯格症患者一樣，我父親花很多時間獨自沉思。他是一個很好的思想者，只是在感受遲鈍而已。他喜歡一個人坐著思考——連續好幾個小時！但他很捨得花時間陪我，可能是世界上最會講睡前故事的人，每晚會跟我講最精彩的故事，直到我睡著。他能編出角色生動、情節動人的故事，裡面有超級英雄，還有天生的領袖。那時候我不知道為什麼他要講這些故事，也不清楚它們對我的意義。

父親的工作是協助他人理財（第7章），他一個人做！他對企業經理人與CEO的分析令人驚嘆，他集中分析他們的行動，對他們的感受知之甚少。年輕時我曾見過他跟一些企業經營者互動，當他們講到感受面時，父親總是將話題拉回行動面。就業務職責而言，他這種偏重行動的傾向是對的。四十年來，我們的社會過度偏重感受，太卿卿我我了！伯恩心理學讓我明白，為什麼感受取決於行動而不是反過來。你做某些事，就會有某些感受。不以行動配合，光是想調整你的情緒是行不通的。做對的事會有良好感覺，做不對的事感覺會較差，行動決定感受。早期的激勵專家如戴爾‧卡內基（Dale Carnegie）和拿破崙‧希爾（Napoleon Hill）都明白這一點，佛洛伊德心理分析學派則不明白。

不重要的老么

小時候我也不明白這一點。三兄弟中我是老么，在家裡大家叫我Poco，在西班牙文中意思是「一丁點」。我當時覺得這個字用來稱呼小孩，就是「不重要」的意思。我的兩個哥哥都比我大很多，強壯、聰明。我則是一個上課愛打瞌睡的小孩，成績差、懶散、諸多藉口不交功課（家裡的狗吃掉了我的作業）、發白日夢，看起來就是一副沒出息的樣子。大哥則剛好相反：大我六年，頂級成績、明星運動員、永遠的老師寵兒、受歡迎、英俊，而且口才很好。小學、初中、高中他皆擔任學生會會長，畢業時是致告別辭的學生代表，取得洛克菲勒獎學金，上史丹佛大學。我則是Poco！

六年級時，不知道是什麼原因，家裡的狗不再吃我的作業，我開始用功，得到好的成績，加入了童軍，並且大量閱讀。不過，對於亞斯伯格症患者的兒子來說，唸書、拿好成績並不是很困難的事：只要想清楚該做什麼，不去想感受，做就是了。

因爲哥哥當過學生會會長，我認爲自己也應該當當看（最小的弟弟就是愛模仿）。但要當選會長，我必須跟很受歡迎的同學Robert Westphal競逐。沒有人想跟他競爭，我因爲夠笨才這麼做。

會長由四、五、六年級學生投票選出。六年級生太瞭解我們了，我知道自己不可能贏得他們的選票。但我想，六年級生一般對學弟學妹比較傲慢，而四、五年級生則不太能分辦六年級生之間的差別。因此，我把時間花在學弟學妹身上，而Robert則努力爭取六年級生的支持，以爲學弟學妹會跟隨學長的投票傾向。結果我的策略成功了，雖然在六年級生中得票慘敗，但還是贏得選舉。

> 種什麼因，得什麼果，這是小學生都明白的道理。

我因此明白：種什麼因，得什麼果。我努力爭取學弟妹的支持，因此也就得到他們的選票。這策略太好用了，我在七年級、八年級時重複此一模式，靠著爭取那些並不眞正瞭解候選人的選民支持而勝選。那麼，既然當選學生領袖，我應該有個領袖的模樣才是，但其實我並不懂領袖之道。就像所有政客一樣，我並不眞正關心四、五年級的選民，我只在乎如何勝選。領袖會關心所領導的人，即使他們只是五年級生。我了解自己的政治伎倆，但對於如何當領袖則一無所知，直至我知道凱撒的故事。

凱撒的榜樣——身先士卒

我上加州的公立高中時，為升大學必須選修一門外語，我選了拉丁文。我們的老師是Howard Leddy，他會要求同學唸課文。每天總會有人就課本內容向他提問，而他就會興致勃勃地講起故事來，特別是有關凱撒大帝的事跡。我們喜歡聽他講故事多過唸課文，因此一有機會就誘使他講。

凱撒能建功立業，其中一個原因是他帶兵時總是身先士卒，而一般的羅馬將領則總是押在軍隊後方。人在後頭當不了領導，凱撒深明此理。一般羅馬將領認為，如果將軍被殺，軍隊士氣容易潰散，因此不管如何，將軍應押後。這是西洋棋模式——保王至上。問題是：身處前線相當危險，兩軍交鋒時一旦出錯，前線士兵很容易遭殲滅，而後方的將領則通常仍能安全撤退。士兵都知道這一點。因此，當凱撒身先士卒時，士兵們知道他並沒有要求屬下冒他自己不願冒的危險，他們因此更有信心，打起仗來更加勇猛，因此百戰百勝。拜拉丁課所賜，凱撒的領導哲學讓我銘記於心。

十年摸索

度過迷惘的大學時期（時為1968-1972年，北加州一片狂熱）後，我還沒有明確方向。除個人執業的父親外，現實生活中我並沒有商業領袖的模範。凱撒帶領的是士兵，我又能帶領

什麼？在想不到更好出路之下，我替父親工作。如果實在不
行，還可以去唸研究所。一年之後，我不想再做下去了。父親
無法理解我的感受，而我感覺很不好。再做下去，不是我殺了
他，就是他殺了我。這樣實在不好。因此，我不幹了，自己開
公司。我那時不知道自己還太年輕，但也因此就開始了。一個
常獨自沉思的亞斯伯格症患者的兒子，跟他老爸一樣，一個人
做起生意來。

　　那時理財業（第7章）跟現在大不一樣，比較簡單原
始，分工沒那麼精細。美國證券經紀的固定傭金制也還未解
除（1975年5月1日起廢止），而經紀商也是主要的資產管理業
者。財務策劃師已經出現，但跟現在的不同。而在1986年的
《租稅改革法》出爐前，不少人在推銷避稅規劃方案。至於我
所從事的獨立註冊投資顧問，那時人數還很少，而且在收費與
業務上非常自由。我開始了十年的摸索期，來來去去只有少數
客戶。另外為了賺錢，也做一些奇奇怪怪的事。

　　例如，我會收費替人到圖書館找資料——就像學生時期做
功課一樣。在網路尚未普及的年代，資訊並不像現今那麼易
得，因此會有人願意付錢請人到圖書館找資料。我的收費資訊
服務涵蓋股票、產業，以及各種古怪的資料。譬如我曾收集過
非處方藥副作用以及受影響藥廠的資料。有客戶願意付錢交換
我的投資建議，例如具體的股票買賣建議——或許他們以為透

過我，他們取得的是我父親的投資洞見吧。我也替人建構資產組合及財務規劃，另外還幫幾家小公司找到買主。

為了維持生計，我甚至偶爾接一些家居修繕工作。曾經有一年，我每個禮拜三晚上到舊金山灣區一家酒吧彈滑音吉他。只要能賺錢就做！而且我也沒有員工，從來沒想過！我曾經雇用一位兼職秘書，約九個月後她就辭職不幹，說我是個專橫跋扈的壞老闆。或許是吧。誰會想為我工作呢？我一點領袖氣質都沒有。

但我廣泛、大量地閱讀，尤其是有關產業與企管的書，多年持續看約30本產業雜誌，如《化工週刊》（*Chemical Week*）及《美國玻璃》（*American Glass*）。我也研究各種公司，涵蓋的產業包括鋼鐵、玻璃、玻璃纖維、肥料、鞋、農具、吊車、煤礦、工具機、露天採礦、各種化學品，以及電子。這十年間，我還進行了自己原創的股價營收比（price-to-sales ratio）研究，建立了日後事業起飛的基礎。我看似漫無目的地摸索，但學到了很多。

1976年左右，我開始做一些創業投資生意。那時真正的創投公司還很少，全美可能只有30家。我跟那些有新穎的創業主意，但無法自行籌資的人洽商，幫他們找金主。那時候我並未意識到，如果他們無法自行籌資，或多或少代表他們有些問題。我替他們編纂創業計劃書，聯繫創投公司以及灣區的富翁，嘗試募集股權資本。

我真正全力以赴的交易有四宗：一家雷射公司、一家餐廳、機場接送服務，以及一家電子材料廠商。交易成功的話，我會獲得現金或股票報酬。四宗交易中，餐廳自始至終找不到投資人。還好是這樣，因為我肯定它做不起來。雷射公司交易非常順利，激勵我做更多創投生意。機揚接送服務獲得投資，但很快就垮掉了。對我踏上領袖之路最重要的，則是那家電子材料公司。

大有進展

這家公司叫做Material Progress Corporation（MPC），資金基本上來自東岸的創投業者以及灣區的一些富翁。MPC有技術高明的研發人員，能製造電子產品所需的一系列深紅色晶體，在結晶及晶體打磨上有獨創的技術。但雖然已獲得融資，公司經營得不好。

董事會決定找一個新的執行長。他們對公司的技術與業務仍有信心，因此決定找一個頂級的CEO來接手，並預留了更多資金擴充業務。為阻止公司在新執行長就任前繼續失血，董事會請我兼任過渡時期的CEO。我的任務很簡單：在不流失關鍵的研發與經營幹部的前提下，盡可能撙節支出以降低虧損。時為1982年，世界正經歷經濟衰退，到處都很艱難。我個人的景況也不好，差點三餐不繼，亟需收入。當時情

> 學習領袖之道很簡單，露面並試著做就是了。

況就是這樣。

每週一我會在自己的辦公室工作，週二凌晨三點開兩小時車到Santa Rosa的MPC辦公室。我會留到週四傍晚，然後開車回家，週五回到自己的辦公室工作。MPC按日付我薪酬，像付錢給一名顧問那樣。公司一個廠房約有30名員工，我完全沒有相關的管理經驗，現在得現學現賣了。但我表現理想，遠遠超過我原先的預期。你知道我學到什麼嗎？

首先，當領袖最重要的是露面，讓屬下見到你。我看的書並沒講這一點，我也差點搞錯了！事實證明，工作熱誠是有感染力的。我將執行長辦公室搬到開放式的透明會議室裡，所有人進出辦公室都能見到我，而我也能看到他們。每天我特意第一個進公司，最後一個離開。每天中午與傍晚，我都找員工一起吃飯——雖然只是吃些便宜的東西，但我付出時間，顯示出對他們的關心。我不停地在公司找員工交談，專注地聽每一個人講話，瞭解他們的想法。

我定期把員工聚集起來，講話激勵他們。效果令我驚訝，他們也是！我的用心與努力感染了員工，令他們也用心、努力起來。上行下效嘛，說起來，這也算是管理與領袖之道的老生常談了，而且和凱撒的領導哲學一脈相承。突然間我明白什麼叫身先士卒了。員工做事變得更用心、更俐落、更有創意，而且糾正了以往許多懈怠之處。我做了九個月的執行長，帶領公司削減成本、提升營收，現金流由負轉正，收支也終於打平。

我們甚至開發出新產品，為接手的CEO儲備彈藥。我覺得很有成就感，在董事會找到新CEO時，還有點感傷。我完成了任務。

在此同時，一名客戶聘請我做一項諮詢工作。我向MPC告假一週，陪這位客戶拜訪投資界名人，為他的共同基金創業計劃收集資料。這位客戶還很年輕，我當他的夥伴，幫他及時釐清該怎麼做。

我們訪問了傳奇人物約翰・坦伯頓（John Templeton），以及投資研究公司Value Line創辦人暨CEO阿諾・貝哈德（Arnold Bernhard），當時他也是大名鼎鼎。另外還有約翰・楚恩（John Train），他當時是《富比世》專欄作家，經營一家資產管理公司，並剛寫了一本非常暢銷的書——《股市大亨》（The Money Masters），有一章講我父親。受訪的人還有很多。對於如何經營一家公司，多數受訪者並沒有懂得比我多，但他們已實實在在地聘用員工、經營生意。我剛從MPC學到、刻骨銘心的基本領導技能，他們並不懂。這真讓我大開眼界。如果他們做得到，我也應該沒問題。

或許我也可以找幾個願意為我工作的員工，就像在MPC那樣，然後像這些人一樣創一番事業，甚至做得比他們更好。坦伯頓的投資本事的確高超，但這些名人的經營與領導才能皆非出類拔萃。坦伯頓也是非常成功的超級富豪，但這些投資界名人都並非紐可（Nucor）鋼鐵公司的肯恩・艾佛森（Ken

Iverson，詳見本章稍後敘述）那樣的人物。他們都不是我心目中的模範CEO。

在MPC工作期間，我得自己付住宿費，當時手頭非常拮据。飯店越是廉價，感覺越是孤單。某天晚上，在每晚收費18美元的賓館房間，我一個人坐著沉思。孤單，非常孤單！沒有電視，沒有電話，沒有冷氣。在還沒有人知道亞斯伯格症時，我已是此症患者的兒子。我的思緒開始連接起來。我爸爸寫過一本書，在1950年代時對他的事業頗有幫助。我也有可寫的題材，像我對股價營收比的研究，還有童年時期的「政治歷練」也饒富意義——種什麼因，得什麼果。而我至少能管理並領導幾個人。或許我也應該學著寫書，股價營收比是不錯的題材。或許我可以開一家資產管理公司。因此，離開MPC後，我就開始創建自己的公司。（那是第1章的創業之路，不是這一章的主題。）但所有CEO都必須面對兩個主要問題：如何登上執行長之位，以及如何領導員工。

如何領導

喂，不是才剛告訴你如何領導嗎？身先士卒，站在前面嘛。露面、用心、關懷、將精神集中在人身上，早到晚退。每一階層的人都要特意關心，同時也要帶動整體士氣。花時間跟各級經理相處。花時間跟前線員工相處。付出自己的時間，而且要積極主動。自己不想做的事，不要要求員工。讓他們知道你很關心公司業務。跟業務代表去見他們的——也就是你的——客戶。帶員工去見你的——也就是他們的——供應商。出差時，如果員工搭經濟艙，你也必須跟他們一樣。跟他們住同樣的飯店，同等級的客房。你跟他們是夥伴。如果你沒有自視高人一等，他們會衷心尊敬你，而這是最重要的。你關心的事，他們也會關心。而只要他們關心，自然會盡力去做。

領袖之道，就是這樣——激勵屬下，令他們自發地盡力而為。常常有人問我為什麼不買私人飛機，原因很簡單，如果我這麼做，會打擊員工士氣。我都是搭一般的航班，員工也欣賞我這一點。跟員工出差，我會跟他們一起坐經濟艙。在機上碰到我的客戶都很驚訝！就算你渴望CEO的豐厚報酬，也要有所節制，不要當一個惹人厭的笨蛋。要關心員工的感受。如果你的福利或津貼會激怒員工，請撤消。以身作則，站在前面才能領導嘛。真的，人在後頭，又

> 身先士卒，以身作則，讓屬下知道你很在乎。

怎能領導呢？有疑問時，問自己肯恩‧艾佛森會怎麼做，或是凱撒會怎麼做。好吧，或許凱撒當年應該請幾名保鏢。

我看過很多有關如何當一名CEO的書，部分書名列在本章結尾。但有關領袖之道，我所學到的最關鍵訣要，是來自凱

撒和在MPC的經驗。不管你是一名創業CEO還是過渡性質的CEO（像我在MPC那樣），領導的關鍵皆在於令員工衷心相信你在乎——在乎員工、在乎公司、在乎客戶，在乎業績。他們得相信你當執行長並非只是為了錢，而你必須令他們相信。要做到這一點，你最好得相信自己。你花越多時間在人身上，會得到越多樂趣。住廉價飯店、搭經濟艙都不是什麼樂事，但對有效領導卻很有幫助。

如何登上執行長之位

如果不是自行創業，你可以透過以下四種途徑成為CEO：

1. 先當副手，最後登上王位。
2. 買一家公司，自己當老闆。
3. 經由創投或私募基金公司出任CEO。
4. 應聘。

先當副手（第3章），最後榮任CEO是相當普遍的事，奇異的威爾許、微軟的鮑默、美林的奧尼爾、艾克森美孚的李‧雷蒙（Lee Raymond），以及許多其他CEO都是走這條路。這是按部就班的升遷模式，風險較低，但要起步仍不是那麼容易。當副手也需要不少本事，而且沒人能擔保可修成正果。

買一家公司

如果有錢，你也可以買一家小公司，然後自任執行長。這基本上是一宗個人的私募基金交易。可能要比自己創業容易些。收購、整頓、擴充，就像巴菲特將一家小型紡織公司擴建成巨型的波克夏哈薩威（Berkshire Hathaway）那樣。或是像傑克‧卡爾（Jack Kahl），1972年以19.2萬美元收購Manco，一家很小的管線產品企業。該公司也生產一種多用途銀色工業膠帶，本來是很不起眼的產品。卡爾以「Duck Tape」品牌行銷，還為此膠帶創造了代言公仔——一隻鴨子，大獲成功。接近三十年後，卡爾將Manco售予漢高集團（Henkel Group）時，公司營業額已達1.8億美元。[6]真不賴！

借助於創投業者

許多CEO出身於創投、私募基金或主要顧問公司。像我當年能在MPC處境艱困時出任臨時執行長，是因為我認識創投業者——你也可以的。如果我不是太年輕、太缺經驗，我或許已成為該公司的正式CEO。當時MPC的其中一名投資者是波士頓創投公司Ampersand Ventures。認公司負責MPC事務的年輕人中，有一位叫史蒂夫‧華斯克（Steve Walske），我們當

---

[6] 見公司網頁 http://duckproducts.com/about/。

時常在一起，是不錯的朋友。華斯克人很好，聰明、幹練，非常了解 Ampersand Ventures 的各項投資。

其中一項投資是一家波士頓企業軟體公司 Parametric Technology，當時正掙扎求存。華斯克辭去創投工作，致力經營這家公司。1990年代初，該公司已成功上市，市值約為1億美元，而華斯克也已累積了足夠的本領，當上公司執行長。待他於1990年代末離開時，這家公司的市值已增至逾100億美元。

華斯克的創投背景助他踏上 CEO 青雲路，經營有成後急流勇退。畢業後加入創投公司，原因之一並非為了做創投工作，而是等待時機，像華斯克那樣，有朝一日跳到公司所投資的其中一家企業，伺機登上 CEO 寶座。你也可以透過大型的顧問公司或私募基金業者做同樣的事。

應聘

最後一個方法是應聘，你或許會覺得以下建議怪異且缺德，但它們的確有效：

1. 磨練你的演技
2. 了解獵人頭公司（headhunter）

我講的不是一般獵人頭公司，而是頂級業者，像 Spencer Stuart（www.spencerstuart.com） 和 Russell Reynolds（www.

russellreynolds.com）這種。企業董事會需要從外部聘請CEO
時，找的是這種頂級獵人頭公司。獵人頭業者與公司董事一定
會強烈駁斥我的說法，但眞的，CEO招聘過程相當簡單、非常
表面。過程不外乎是從審閱履歷表開始，然後是電話訪談、面
試、背景與推薦人調查，最後是跟董事會面談。

很明顯，此中關鍵在於面試技巧，重點是顯露出經營本領
高強的模樣，而不是具備眞正的領導能力。我見識過一些現實
中毫無成就的傢伙，那種我認爲當捕狗人也不配的人，因爲有
頂呱呱的面試本領，一再通過這種程序獲聘爲CEO。這就是爲
什麼我說你得鍛鍊自己的演技，因爲演技能助你給人良好的初
步印象，展現魅力，令人傾倒——至少短期內是這樣。

應聘CEO並不是什麼愉快的事。招聘者總覺得自己能看
穿表面亮麗的履歷表，有些的確可以，有些則沒這種本事。如
果你還不曾當過CEO，你的機會繫於這些眼光不夠銳利的招聘
者身上。你可以有技巧地包裝自己的學經歷，美化履歷表。記
得，不是說謊，而是包裝。我敢打賭，看這本書的人，有三分
之二對包裝履歷表比我更在行，而且實際上已做過很多次。眞
的欠缺經驗的話，市面上實用的指南書多的是。

從小公司做起

你並不是要從IBM的執行長做起。最好是找一家小型的非
上市公司，董事會以外部人士爲主，想找一名CEO來扭轉公

司的經營困境。像我當年暫代MPC執行長那樣，你不必身懷絕技，可以從寶貴的實戰經驗中學習。

擅長此道的人會不停、不停地面試CEO工作，並持續向獵人頭公司推銷自己。一旦你當上某家小公司的CEO，可以馬上面試規模兩倍大的公司。但你不能找原來那家獵人頭公司幫忙，他們才幫你找到這份工作，不能也不願馬上幫你找另一份。不過除此以外，你可以找所有其他獵人頭公司。當上一家只有20名員工企業的CEO後，你應該馬上約所有約得到的獵人頭業者吃飯，告訴他們你工作上的進展。你希望兩年後就能跳到一家比較大的公司當CEO，以免自己被綁死在這家討厭的小公司，背負它的問題。繼續前進，不要停，不必擔心撇下小公司。兩年時間已夠你得到許多寶貴經驗，就像我在MPC僅九個月，也已獲益良多。

我見識過一位先生，非常擅於應聘CEO工作，八年內四次獲聘為企業執行長，而且公司規模越來越大。他都是透過獵人頭公司找到的，其中一家公司還兩次幫他獲聘。我知道他曾是證券刑事犯（姑隱其名，免得他把我告到脫褲子），不過擔任CEO時表現中規中矩，而且據我所知再也沒有犯法了。自從他當上CEO後，即從未遭受嚴格到足以揭露他往日劣跡的背景調查。我想說的是，要獲聘為CEO，面試技巧是最關鍵的。

另一個傢伙人不錯，我喜歡他，但他是一名很爛的領袖。他本來是某公司分支的負責人，表現一直不好。但他精於面試，透過應聘CEO執掌過一家又一家公司，而且規模越來越大，最後還獲聘爲某家名列「財星百大」（Fortune 100）的企業，很快就將公司賣給收購者，爲自己取得豐厚的「黃金降落傘」。我喜歡這傢伙，但他實在毫無領導能力，是那種站在隊伍後頭領導的人，而且毫無分析能力！從我認識他起，他從未在某個職位上做滿兩年。但他還是能執掌越來越大的公司，收入越來越好，因爲他非常擅長面試，舉止優雅、迷人、親切，讓人覺得可以信賴——至少他能維持這種良好印象足夠久的時間。另外，他上了台就是一名好演員。上幾堂表演課吧，有用的。你也能做到。

> 事先爭取優厚的薪酬，包括離職補償方案。

豐收時刻

所求何事？大公司的CEO（某些小公司亦然）薪酬非常高，股票選擇權、遞延報酬（以節稅方式延至日後領取的薪酬）和其他福利加起來往往數額驚人。精明的CEO都能事先爲自己爭取到極佳的薪酬與離職補償方案。

表2.1 2007年美國前10大高薪CEO

CEO	公司	總薪酬（萬美元）
John Thain	美林證券	$8,310
Leslie Moonves	哥倫比亞廣播公司（CBS）	$6,760
Richard Adkerson	Freeport-McMoran	$6,530
Bob Simpson	XTO能源	$5,660
Lloyd Blankfein	高盛	$5,390
Kenneth Chenault	美國運通	$5,170
Eugene Isenberg	Nabors Industries	$4,460
John Mack	摩根士丹利	$4,170
Glenn Murphy	Gap Inc.	$3,910
Ray Irani	Occidental石油	$3,420

資料來源：The Associated Press, "List of Highest-Paid CEOs in 2007."

　　哪些人賺最多呢？表2.1列出了2007年美國前十大高薪CEO。必須注意的是，十大排名每年都可能大不相同，端視哪些產業時來運到，哪些人爭取到優厚薪酬，以及哪些執行長垮了台。受次貸問題衝擊，摩根士丹利的麥晉桁（John Mack）2008年的排名將下滑。服飾企業Gap的CEO格倫‧墨菲（Glenn Murphy）2007年才上任，是新上榜人士。變幻莫測就是了——CEO職業風險很大，但報酬也很優厚。2006年名列十大的執行長，有些不但已榜上無名，還丟了工作，譬如美林的奧尼爾以及雅虎的特里‧席梅爾（Terry Semel）。

　　許多上榜人士並非家喻戶曉。諷刺的是，CEO的高薪跟公司的業績並無必然關係。薪酬很高，通常僅反映該CEO職業前景看俏，能力足以在許多公司擔任執行長。高薪是補償CEO所承擔的高度職業風險，他們將自身前途押在一家公司相對短期的表現上，數年內隨時可能被炒魷魚。像雅虎的席梅爾與美林的奧尼爾就押錯了寶，被迫下台，而且很可能不會再有機會擔任大公司的CEO。不過他們早就為自己爭取到足以補償職業風險的離職條件。

輿論的抨擊

　　小心！CEO的薪酬常引來媒體的抨擊：「他們不值那麼高的薪水。」或許是，或許不是。但這是公司董事會決定的，抱怨也無補於事。不高興的話，可以不買那家公司的股票。但如果你喜歡這種高薪，非常好！這可能是你的致富之路。艾克森美孚前執行長**李‧雷蒙**2005年退休時拿到3.51億美元[7]，輿論一片嘩然。他值這個價錢嗎？我不曉得。我確信的是，這筆錢絕大多數──如非全數的話──是根據事先簽定的合約計算出來

---

[7]　見註1。

的。情況通常大致如此：公司和你達成協議，如果你的表現、
公司股價、營收與盈利達成某些目標，你即可獲得數額為X、
Y、Z的薪酬。如果公司炒掉你或者你自行請辭，離職金則根
據某些公式計算。雙方都認為協議對自己有利，但通常是某一
方佔了便宜。

　　時機也很重要。艾克森美孚2005年獲利360億美元，刷新
了企業史上紀錄。[8]雷蒙基本上是拿到當年盈利的1%。他帶領
艾克森完成與美孚的巨型合併案，這可是了不起的成就。雷蒙
在任11年間，公司股價升了約400%。[9]簡單來說，在此期間，
投資1,000元在標準普爾500股價指數上，期底可得3,323元，
但投資1,000元在艾克森上，則可得5,000元。[10]數以百萬計的
艾克森股東因此受惠，包括散戶、法人以及退休基金。更不要
忘了艾克森逾8萬名員工[11]，以及他們的薪酬與退休金。如果有
人能保證可以做得跟雷蒙一樣好，多數大公司會非常樂意支付
雷蒙拿到的薪酬，甚至是提供更優厚的條件。問題是，公司的
業績與股價表現，是誰也保證不了的。

---

[8] "Oil: Exxon Chairman's $400 Million Parachute, Exxon Made Record Profits in 2005," *ABCNews* (April 14, 2006), http://abcnews.go.com/gma/story?id=1841989.

[9] 據Thomson Datastream資料計算，時間為1993年12月31日至2005年12月31日。

[10] 同上。

[11] Exxon Mobil mployment Data, http://www.exxonmobil.com/corporate/about_who_workforce_data.aspx.

　　有些人認為CEO的高薪是「可恥的」。如果你覺得是這樣，那就不適合走這條路。多數觀察者並不反對成功的執行長領取高薪，但他們對失敗的CEO（無論實情如何）離職時拿到一大筆錢極度反感，覺得最好把這些人釘在十字架上！無論如何，若你當上CEO，即使失敗了並且被釘十字架，幾乎可以肯定的是，你在財務上仍大有收穫。

CEO與企業英雄

想坐穩CEO寶座？
當一名英雄吧。

　　CEO寶座得來不易，做得久更不容易。
提高成功機率的方法之一是：以企業英雄自詡，無畏地承擔風險。有眼光、有願景，敢於追逐理想，犯錯則勇於承認，改正後能再度勇敢追求夢想。真正的企業英雄常需要力排眾議，能說服董事會、員工以及股東認同他的獨特見解。CEO堅持己見有時可能鑄成大錯，但真正的英雄是經得起挫折的。

　　奇異公司的**威爾許**（身家7.20億美元）即是前CEO中的超級英雄。[12]他1981年出任執行長時，奇異已是一家非常出色的公司。他將公司搞得天翻地覆（大裁員），帶領奇異更上層樓。威爾許不但裁減員工，還將一些業務部門整個裁掉。他認

---

[12] "The Not-So-Retired Jack Welch," *New York Times* (Novembr 2, 2006), http://dealbook.blogs.nytimes.com/2006/11/02/the-not-so-retired-jack-welch/.

為，如果要做某項生意，奇異必須是全球龍頭廠商，或是僅次於產業龍頭的業者，否則根本不必浪費力氣。他執掌奇異期間，每年都炒掉表現最差的10%主管。[13] 被裁的主管想必不會高興，但現代史上很少有CEO是比威爾許更受人敬重的。

欠缺英雄氣質的CEO會盡量避免大規模重整業務，認為大型改革風險太大。他們擔心遭遇反彈。員工與媒體都厭惡企業裁員，但威爾許無所畏懼。現今很多CEO都在學他，因為他的管理方式造就了奇異的輝煌成就——威爾許在位21年間，投資奇異股票1,000元可得56,947元，而如果是投資標準普爾500股價指數，則只有16,266元。[14]

紐可鋼鐵公司前執行長**肯恩·艾佛森**是另一名超級企管英雄，被視為歷來最優秀的CEO之一。許多人崇拜他，我也是。紐可於1960年代差點破產，是艾佛森將它救了回來，並帶領公司在美國處境艱難的鋼鐵業茁壯成長。紐可現今已是全美最大的鋼鐵公司。艾佛森以穩健的老派方式經營公司：研發技術、撙節成本，並創新管理方式。他正面挑戰因循守舊的業者，削價佔領它們的市場。艾佛森建立了精悍高效的營運模式，並樹立了一種優質管理模範，成為全球企業的仿效對象。

---

[13] John A. Byrne, "How Jack Welch Runs GE," *BusinessWeek* (updated May 28, 1998), http://www.businessweek.com/1998/23/b3581001.htm.

[14] 據Thomson Datastream資料計算，時間為1980年12月31日至2001年12月31日。

數十年來，在嚴重的官僚習氣、工會的箝制以及政府的保護主義政策扼殺下，美國鋼鐵業日漸衰亡。艾佛森下放決策權力，削減主管補貼，同時精簡架構，令前線員工與執行長之間只有四層管理者。他要求所有人都要懂得創新。紐可的員工極為愛戴這位CEO，簡直願意為他赴湯蹈火。我的朋友理查·普勒斯頓（Richard Preston）於1991年的真正佳作《美國鋼鐵》（*American Steel*）中， 對艾佛森有精彩描述。

1976年我初次與艾佛森會面，當時很少人認為紐可有前途。我不是那麼容易佩服別人，但艾佛森令我衷心折服。他真的非常了不起，不消幾分鐘就能令你心悅誠服。他在鋼鐵廠跟員工一起時要比身處漂亮的辦公室更自在，但在辦公室也一樣泰然自若。

這種本領是成為英雄CEO的關鍵特質。一方面你得贏得員工的愛戴，一方面要令人敬畏，讓他們知道你也是剛強嚴厲的傢伙。你處事得公平公正，必要時亦能祭出鐵腕手段，但必須保持沈著，永遠不可情緒失控。願意冒大風險，同時精明幹練，但不要陰謀詭計。另外要親民，不但要能與董事會融洽共事，跟最低階的員工或最小的客戶也能愉快地搏感情！英雄CEO通常事先定下自己的薪酬結構，以較低的底薪換取高額的盈利分紅，這樣當他得到豐厚薪

想成為英雄CEO？請不要忘了跟小客戶與基層員工搏感情。

酬時，幾乎沒有人會抱怨。許多自詡要成為英雄CEO的人，就是因為欠缺上述的某些特質而終告失敗。

　　2005年遭惠普趕下台的**卡莉·菲奧莉娜**（Carly Fiorina）即是成不了英雄CEO的例子之一。她非常喜歡上電視與雜誌封面，幾乎是公認的魅力型執行長。菲奧莉娜帶領惠普與對手Compaq合併，初期業績不理想，不過這是合併案的常態。她一度看似將成為一名偉大的CEO，但惠普的文化建基於創辦人大衛·派克（David Packard）的「走動式管理」（management by wandering around）風格，菲奧莉娜在公司中卻顯得冷漠離群。自詡為企管英雄的CEO若不獲員工愛戴，是做不久的。菲奧莉娜跟媒體與董事會打交道，似乎要比跟小客戶或基層員工相處自在得多。在我看來，這正是她的不足之處，一旦公司處境艱難，她得不到基層的支持——因此才會被撤職。當然，她還是賺了不少，分手費高達2,100萬美元。但我個人認為，再也不會有頂級企業請她擔任CEO。她是到此為止了。

　　因此，不要忘了以下基本原則：所有CEO每個月都要抽一些時間，跟普通客戶和基層員工搏感情。忘了這一點，你遲早會失敗。象牙塔型的CEO通常僅能短暫做到這一點，然後日漸鬆懈，最終失敗。頂尖CEO永遠不會忘記公司的支柱，員工對這種執行長敬重有加。這種老闆一點也不冷漠疏離，關心員工，能跟他們融洽相處，令員工覺得老闆就像是他們的一員——而實際上又是了不起的領袖。

提醒你：像菲奧莉娜、奧尼爾、席梅爾，以至房貸銀行Countrywide的安哲羅‧莫茲羅（Angelo Mozilo），這些前CEO雖然被迫下台，但就財富而言仍相當成功。即使無法像威爾許或艾佛森那樣成為真正的英雄CEO，你仍能賺得大筆財富，存起來，然後退休。或者受薪擔任某些公司的董事！很多公司會請前CEO擔任董事。

最大收穫

優厚薪酬並不是選擇當CEO的真正原因。當CEO最美妙的事，是激發團隊夥伴的潛能，協助他們成長，超越他們自身的想像——這是極有滿足感的事。金錢且不說，一旦你感覺自己正發揮真正的領導才能（像我在MPC那樣），你即與自己領導的團隊融為一體。一旦成為這樣的CEO，你即明白真正的領袖之道，終身難忘。

我鼓勵所有有志者嘗試走CEO之路，因為一旦成功，你不但能幫助人，而且在為公司賺錢之外，還能對社會有所貢獻。像奇異或微軟這樣的公司，對社會的貢獻是很大的。如果這種企業經營不善，後果會很嚴重。小公司也一樣，這可能是你CEO之路的起點。CEO管理不善是資源的嚴重浪費。你看得到，也明白這很不好。你可以做得比那些混飯吃的傢伙好得多，他們完全沒有發揮領導的應有功能。記取我的經驗，管理是不必事先接受大量訓練的，你只需要專心做好幾件事：露面、關心、身先士卒，站在前面領導。做對了，你就知道，CEO的工作就是關心重要的人與事。

重要的參考書

以下著作有助你走好CEO之路：

- 《*Your Inner CEO: Unleash the Executive Within*》，寇克斯（Allan Cox）著。提供許多個案研究，教你一些有助自我了解的實用方法，並告訴你如何加強擴充生意所需的特質。

- 《CEO的領導智慧》（*What the best CEOs Know*），克拉姆斯（Jeffrey Krames）著。是一本有關如何成為英雄CEO的上選指南，提供許多前明星CEO的範例。

- 《從第一天就發光：CEO為你打開成功大門》（*From Day One: CEO Advice to Launch an Extraordinary Career*），懷特（William White）著。對當副手（第3章）並期待有天當上CEO的人很有參考價值。此書教你如何給人良好的第一印象，管理好上司與下屬，以及擴展人脈。

- 《*How to Think Like a CEO: The 22 Vital Traits You Need to Be the Person at the Top*》，班頓（D. A. Benton）著。作者進行了逾百次CEO訪談，告訴讀者哪些個人特質能助人登上並保住CEO寶座，譬如幽默感。

- 《董事會的前一夜》（*The Five Temptations of a CEO: A Leadership Fable*），藍奇歐尼（Patrick Lencioni）著。這本書有令人非一口氣看完不可的魅力，它會告訴你CEO路上的陷阱，例如只顧自己的權位，以及誤將討好人視為領袖之道。

CEO指南

　　即使你不是企業的創辦人，你仍能當一名帶領公司更上層樓的CEO，並享有豐厚的薪酬與福利。

　　要當上CEO並非易事，通常需要花頗長時間。而一旦你登上寶座，即可能遭受媒體無情的抨擊，事無大小都怪在你頭上！這是你得面對的職業風險，但通常你可因此得到極為優渥的補償。失敗的CEO在財富上亦常大有收穫，不過能做得久當然最好。那麼，CEO之路要怎麼走才能長久呢？

1. **享受自己的工作**。要當上CEO通常需要埋頭苦幹很長一段時間，因此最好是找一個自己有熱情的領域，並熱愛──是的，熱愛自己的公司。

2. **不要一開始就當IBM的CEO**。從小公司做起比較好，一來當上CEO的機會較大，二來比較不會因為一次失敗就斷了前程。當上小公司的CEO後，可以爭取轉任較大型企業的CEO，當然也可以靠自己本事將小企業建立成大公司。

3. **登上CEO寶座**。如果不是自己創業，有幾個方法可以當上CEO。

a. **先當老闆的左右手**。這是按部就班的升遷模式，是實際可行且報酬很好的方法。許多頂級CEO都當過老闆的副手。

b. **買一家公司，自任CEO**。如果你有錢──自己的或他人的，你可以做一宗一個人的私募基金交易：買一家自己喜歡的公司。

c. **借助創投業者**。加入創投、顧問或私募基金公司，一旦往來企業中需要招聘高層人員，把握機會，這是成為CEO的良機。

d. **應聘**。鍛鍊演技，練習面試，請獵人頭業者吃飯。一旦取得第一份CEO工作，馬上開始推銷自己，爭取當更大型公司的CEO。不斷嘗試，或許終可當上大公司的CEO。

4. **領導**。做就對了。領袖之道關鍵在於露面，然後試著做。你可以看一些參考書，但最好的學習方法是邊做邊學。出現在員工面前，關心應關心的人與事。跟員工交談，讓他們覺得你重視他們。久了你會發現，你真的關心、在乎公司與團隊，並且真心希望他們能完全發揮自身能力。

5. **身先士卒，以身作則**。學習凱撒的領導方式。如果每次出擊你都能身先士卒，不躲在後頭，員工會尊敬、追隨並愛戴你。花時間跟員工交談，跟他們一起出差，一起坐經濟艙並住同等級的房間。

6. **跟基層員工與普通客戶搏感情**。即使當了老闆，也不要和基層員工與一般客戶脫節。不但要能與董事會融洽相處，還必須跟基層員工與小客戶保持密切關係，以培養信任與忠誠。

3 老闆的左右手

覺得當老闆太辛苦，又有選擇好老闆的眼光？
或許你適合當老闆的左右手。

如果你想賺大錢，但又不想承擔太多責任，不妨考慮跟一個好老闆。成功的副手可以爬到很高的位子，扮演關鍵角色，成為備受尊敬的領袖，並且賺很多錢——但不用承擔當一名CEO的巨大壓力。副手不負責指引方向，他們會找一匹駿馬，套上自己的車子，然後協助這匹馬前進。雖然他們可能永遠不會登上CEO寶座，但可以非常有錢。某些副手達人甚至高居富比世400大富豪榜，例如巴菲特的左右手**查理．曼格**（Charlie Munger），身家即高達20億美元。[1]

---

[1] Matthew Miller, "The Forbes 400," *Forbes* (September 20, 2007), http://www.forbes.com/2007/09/19/richest-americans-forbes-lists-richlist07-cx_mm_0920rich_land.html.

不要想得太簡單，這一點也不容易！好的老闆帶你上天堂，不好的老闆帶你下地獄。成功的左右手絕不是唯唯諾諾、卑躬屈膝之人（不好的左右手則可能是）。絕非如此！他們備受公司董事、員工、股東以及CEO的敬重，而且因此獲得優渥酬勞。CEO不能講或不能做的，可以讓左右手代勞。CEO太受矚目，太容易成為眾矢之的了！需要有人扮黑臉時，猜猜是誰負責呢？他們或許賺不到創業型CEO的鉅富，但成功的左右手薪酬豐厚，可以獲得公司股權，身家非常可觀。

為什麼當左右手？

覺得當老闆的左右手，聽起來比電影《王牌大賤諜》（*Austin Powers*）中邪惡博士（Dr. Evil）的貓畢格沃斯先生（Mr. Bigglesworth）更慘嗎？不！不要將左右手跟「逢迎拍馬」或「卑躬屈膝」劃上等號。拍馬者不會有很大的影響力，但左右手有。我們講的不只是在企業中當一名高層人員，而是當CEO的夥伴——老闆不可或缺的左右手。

賺很大的副手

雖然多數比不上創業（第1章）或理財業（第7章），頂尖副手的收入仍可媲美其他致富之路，甚或過之。曼格身家20億美元，遠不如巴菲特的520億，但那還是很大的一筆財富！

eBay的第一位員工**傑弗里‧史古**（Jeffrey Skoll）曾經是**楊致遠**的左右手，現在身家高達36億美元。[2]**彼得‧謝寧**（Peter Chernin）1989年起即是**梅鐸**的副手，擔任新聞集團營運長，2007年薪酬高達6,200萬美元。[3]

　　還有什麼好處？當左右手的機會比當CEO多很多。一位CEO可以有好幾位左右手，即如大公司通常有很多位資深副總、董事以及其他資深經理。副手的財富或許不能跟比爾蓋茲相比，甚至也遠不如史古，但仍然可以累積非同小可的身家。

　　不要搞錯了，出色的副手絕非只是老闆的跟班。沒有不勞而獲這回事。成功的副手也是出色的領袖，有非凡的成就。例如，福斯（Fox）收視長紅的《辛普森家庭》（*The Simpsons*）與《飛躍比佛利》（*Beverly Hills 90210*），即是謝寧的傑作。梅鐸收購衛星數位電視公司DirectTV，謝寧是談判主將。而福斯出品的電影賣座鼎盛，他也是一大功臣。不少人還認為他是迪士尼CEO的可能人選。[4]

2　Luisa Kroll, "The World's Billionaires," *Forbes* (March 5, 2008), http://www. forbes.com/lists/2008/10/billionaires08_Jeffrey-Skoll_PB9U.html.

3　"Peter F. Chernin Profile," *Forbes* http://www.forbes.com/finance/mktguideapps/ personinfo/FromPersonIdPersonTearsheet.jhtml?passedPersonId=935400.

4　News Corp, "The Best & Worst Managers of 2003: Peter Chernin," *BusinessWeek* (January 12, 2004), http://www.businessweek.com/magazine/content/04_02/ b3865717.htm.

CEO難為

許多人根本不想當CEO。太辛苦了！風險很高，精神緊張，巨大的個人犧牲，真不適合心臟不夠強的人。跟隨領袖通常容易很多。微軟執行長**鮑默**幾乎是打從一開始就跟著創辦人**比爾蓋茲**，是名副其實的左右手。2000年時他成為微軟的CEO，但在此之前管理過眾多部門（這是副手的典型特徵之一）。第2章提及的**漢克・葛林柏格**（身家28億美元）[5] 長期擔任AIG執行長，之前則是上任CEO的長期副手。而**施密特博士**（Dr. Eric Schmidt，身家65億美元）[6] 若不是當過創辦人**培基與布林**的左右手，現在也不會是Google的執行長。

但副手轉任CEO一點也不容易，此路崎嶇難行，並非人人適合。像第2章即已講過，奧尼爾本是美林前老闆柯曼斯基忠實的長期副手，備受敬重，但出任美林CEO不久就被迫下台。另一個例子是大衛・波特拉克（David Pottruck），他是嘉信理財創辦人施瓦布的左右手，當上公司CEO後很快就垮台了。[7] 當副手是出任CEO的途徑之一，但這本身就是正當的致富之路，不是一定要繞到其他路上去。

---

[5]　見註1。

[6]　同上。

[7]　David Weidner, "Pottruck ousted from Schwab", *MarketWatch* (July 20, 2004), http://www.marketwatch.com/News/Story/Story.aspx?guid={8F3F0844-2338-44F0-9209-9861036087D4}&siteid=mktw.

另外，CEO很容易成為眾矢之的──公司事無大小，CEO都是個人與媒體的攻擊目標，而集體訴訟（第6章）在美國可是筆大生意。此中的風險與回報必須好好衡量。或許你並不想成為各方的標靶，可能也不希望你孩子的朋友議論這些事。作為副手，你也會受影響，但程度跟CEO不能相比，因為CEO是公司的門面，一切的詛咒、抨擊與壓力，他或她必定首當其衝。

> 當副手的一個重大好處：不容易成為眾矢之的。

輿論常將CEO描繪成英雄或惡棍──就是這麼極端！而即使公司業績空前出色，CEO也會因為薪酬優厚而遭輿論抨擊（像第2章李‧雷蒙的例子）。當CEO的左右手不代表你能完全免疫，但至少標靶不是掛在你背上。你的生活品質很可能會因此好很多。

適才適所

有些人樂意一輩子當副手，因為他們知道自己不是當CEO的料。成大事業的CEO通常是魅力型領袖，並不是所有人都有這種激勵人心的天賦或能力。或許你自覺肩膀瘦削，一點也不想背負員工與股東的重託。許多人跟你一樣！

在籃球界，傳奇球員、超級巨星是那種樂於挑大樑的人。例如，當球賽只剩下四秒鐘，己隊落後兩分但掌握發球權，巨星球員會想：「但願我有投籃機會！」這是怪胎的想法！多數人不想負責關鍵的最後一次投籃，萬一投不進輸掉比賽豈不是成了罪人？這種壓力無比大！如此狀況下還亟欲投籃的傢伙，是CEO類型的人。而那些只想快點把球傳出去，不願背起勝敗責任的人，則是副手型人物。

低調好人生

就某些方面而言，副手比CEO更不好當。副手可能沒沒無聞，得不到什麼讚譽。副手通常不會上電視，而《富比世》雜誌也不會介紹你（直至你變成查理‧曼格）。不過副手的報酬很優渥：高薪、受敬重（至少在公司內部是這樣），而且不會成為眾矢之的。名聲不響令他們保有隱私，家庭生活不受騷擾。有抱負、有能力的副手通常能自己決定生涯規劃。想負責銷售業務嗎？CEO可能認為這正是你加強歷練的好機會。想開設倫敦分部嗎？告訴老闆或許就行了。而且，你還能維持很好的生活品質。喜歡嗎？很好，但要怎樣才能當一名成功的副手呢？

> 副手不是得分最多的人，但通常是最有價值的隊員。

選對公司

選對老闆、選對公司是關鍵的一步。副手會待在一家公司很長的時間，即使是以高層人士的身份獲聘，他們通常會一直留下去。鮑默當了蓋茲20年的副手才出任CEO，而曼格則已跟隨巴菲特超過46年。

副手要獲得敬重，必須予人絕對忠誠的印象。因此不管你跟哪一位老闆，最好是能長期服務。企業會對外招請CEO，但CEO的左右手則很少是對外招聘得來的，除非是跟著CEO一起請進來。而即使在後一種情況中，CEO與他的副手通常已結伴多年，像巴菲特與曼格就是這樣。

起程

如果你還年輕，現在就開始吧。但如果你的職業生涯早已開始，則不需要有何斷然改變，除非你所處的產業日漸衰亡。果真如此，則無論如何你都應積極求變。第10章有關如何選擇產業的指示對你會有幫助。但為確保你所從事的領域是你想長期耕耘的，請自己做更多功課。一如既往，你應選擇前景看好的產業。

但逆勢而為亦無不可！或許你會想替一位富遠見的領袖工作，為美國汽車業帶來一場革命。美國汽車業者的厄運已無可挽回。自我成年以來，福特與通用汽車一直致力走上破產之路，但他們能力不足，所以遲遲無法達成目標。我確信他們終有一天會到達終點。或許你將輔助某位見識超卓的領袖，幫助他們快點達成目標。

就說卡特彼勒（Caterpillar）吧，這家機械廠商一度受制於龐大的工會勢力，業績長期不振。1994年，時任CEO的唐納德‧菲特斯（Donald Fites）有一個振興業務的想法，但公司必須掙脫工會的桎梏，他的願景方能落實。在此情況下，多數CEO是不敢挑戰工會勢力的。但菲特斯魄力非凡，帶領公司戰勝了工會。工會發起罷工，困擾卡特彼勒18個月之久，但無法令菲特斯屈服，他一副誰怕誰的樣子！30%

慎選公司。你會待很久的。

的工人罷工，菲特斯就請臨時工替代，甚至公司的白領也上了前線——律師學起焊接來。經此一役，卡特彼勒的工會實力重挫，公司業績則越來越好。[8]你應該跟著這種老闆：高瞻遠矚、一心一意，而且不屈不撓。

但如何才能找到這樣的老闆呢？就說肯恩‧艾佛森（詳見第2章）吧，他有兩位主要的長期副手：負責營運的戴夫‧艾庫克（Dave Aycock）與負責財務的山姆‧席格（Sam Siegel）。他們信任艾佛森，忠心輔助他，而自己的生活也過得很好。兩人是如何選上艾佛森這位老闆的？他們告訴我的答案基本上相同：那根本不算什麼選擇，他們就是碰上了。

我在上一章已講過，初次見面時，艾佛森馬上令我衷心折服，而我平常不是那麼容易佩服別人的。艾庫克和席格跟我一

---

[8]　J. P. Donlon, "Heavy Metal - Interview with Caterpillar CEO Donald Fites," *The Chief Executive* (September 1995), http://findarticles.com/p/articles/mi_m4070/is_n106/ai_17536753.

樣，不輕易被打動，但一見艾佛森時便心悅誠服。你要找的，正是這樣一名領袖，具備你所欠缺的一切特質，而且富卓識與遠見。你找的人有某種神奇力量，或許是一種魅力，或許是別的什麼力量。你將持續尋覓，直至找到這個人。跟覓偶很像。

穩健，還是進取？

開始副手生涯時，你可以走比較穩健的路，選一家已打好基礎的公司，選一個已有地位的領袖。你也可以冒一些風險，加入一家新創的企業。兩者各有優缺點。

如果走穩健的路，不一定非選產業龍頭不可，當然你也可以這麼做。標準普爾500指數中的任何一家公司，若能當上高階副手，收入都相當好。任何一家中型以上規模的上市公司，只要查看公司網站上的「代理須知」（proxy statement），即可了解其薪酬水準。聽過莫·諾薩里（Moe Nozari）嗎？沒有？他是3M公司的部門執行副總，2007年收入760萬美元。[9]那瓊·米勒（Joan Miller）博士呢？你怎麼能不知道瓊呢？她去年擔任Quest Diagnostics——比3M小得多的公司——資深副總的薪酬為140萬美元。[10]你不認識這些人，我也不認識。但

---

[9] "Moe S. Nazari Profile," *Forbes* http://www.forbes.com/finance/mktguide-apps/personinfo/FromPersonIdPersonTearsheet.jhtml?passedPersonId=878433.

[10] "Dr. Joan E. Miller Profile," *Forbes* http://www.forbes.com/finance/mktguide-apps/personinfo/FromPersonIdPersonTearsheet.jhtml?passedPersonId=1137833.

他們公司中的某些高層認識，而且喜歡他們。你也可以像他們一樣。

你最想找到的是一名領袖CEO。一個人！你的肯恩・艾佛森。在一家小公司跟隨富遠見的CEO，推出革命性的產品，並輔助老闆將公司擴張成大企業，是當副手比較賺錢的途徑。

但加入新公司的風險很大。你會選中Google嗎？還是eBay？還是選錯了，加入了像WebVan、Petopia或SweetLobster.com這種公司？以為透過網路賣龍蝦前途無限？

> 選一家基礎穩固或才剛創立的公司，後者風險較大，但回報潛力亦較高。

當然，有些公司看來顯然是做不住的，像TootsieRollsForEver.com就是（Tootsie Roll是一種巧克力糖）。但回想十年前，你怎麼知道哪一個網路搜尋引擎會脫穎而出呢？在這種情況下，你要有嚴謹分析的本領，像私募基金公司進行投資分析那樣。不管是全新還有現有的產品，你都必須分析業務策略以及管理團隊。有時你可能會碰上最好的業務策略落在無能的團隊手上，真正的關鍵在於領袖。

選中勝出的馬

你選擇的馬能否勝出才是關鍵。有些人說：「選馬看血統，選人看家世。」錯！系出名門是好事，但不保證CEO及其副手能脫穎而出。蘋果的賈伯斯從里德學院（Reed College）

輟學，而里德並非排名前二十的名校。別誤會，我並非說里
德是出產笨蛋的學校。我的好友史蒂芬‧斯雷特（Stephen
Sillett）才華橫溢，對紅杉有開創性的研究，他正是畢業自里
德學院。但無論是賈伯斯還是斯雷特，即使
在無名小鎮的破學校畢業，日後也會有非凡
成就。我想說的是，不管是哈佛、里德，還
是無名小鎮的大學，不管能否畢業，其實都
不重要！（比爾蓋茲可能是哈佛最著名的輟
學者。）我唸的是社區大學與洪堡州立大學（Humboldt State
University，斯雷特在此做研究），但絲毫不妨礙我的事業發
展。家世好不好，並非一個人事業成敗的關鍵。

> 你可以選一匹輸過
> 幾次的馬，只要牠
> 絕不會重蹈覆轍。

　　那麼，像賈伯斯、比爾蓋茲、巴菲特，以及其他成就或大
或小的CEO，在事業早期，是憑什麼吸引左右手跟隨的？是魅
力、眼光、願景。他們都具備這些條件，而你則必須分辨是真
是假。

　　但許多有魅力、有願景的人仍以失敗告終。因此，你還是
得像私募基金業者那樣審慎分析。請閱讀第7章相關章節，然
後回答以下問題：

- 你想追隨的領袖是否有一個振奮人心的發展大計？一個你
  深信不疑、願意投入自己金錢的願景？（你不必真的押上
  自己的錢，重點是，你會這麼做嗎？）

■ 你想追隨的領袖是否擅於分派工作，充分授權？這一點很重要。請重溫第1及第2章有關創業者及CEO的關鍵特質，確保你心儀的領袖具備成功所需的大部分特質。

■ 你想追隨的領袖是否失敗過？失敗是沒問題的！如果此人屢敗屢戰（但沒有重犯同樣的錯誤），那代表他勇於嘗試，而且能從經驗中學習。不要跟著那種不懂得吸取教訓，老是因類似問題失敗的人。一個人如果能從失敗中學習（像第1章的陶赫伯），未來或許能成就大事業。即使是山姆‧沃爾頓，初出道時也曾失敗過。

一旦找到可帶領你共創事業的人，就勇敢追隨吧。你要就完全信任並欽佩這個人，否則拉倒。是的話請忠誠輔助他，始終如一。如果要CEO把你當成不可或缺的左右手，這是你必須付出的。如果你實在無法安心將自己的前途押在某位領袖身上，那你可能適合走比較穩健的路。那是也可行的！不過，冒一些風險，跟隨老闆一起打江山，一旦成功收穫一定更豐厚。

裝備自己

那麼，在找到心儀的公司與領袖後，你要怎樣才能成為老闆的左右手呢？如何才能讓老闆看上眼？如何才能成為老闆不可或缺的副手？還是那句話，忠誠！現今社會忠誠已非常稀有，因此也就極為可貴。1960年代以來，我們的社會讚美爆料、激進、叛逆、偏激、無懼無畏的行為，認為不爽走人、叫老闆去死是很酷的——我想你了解我的意思。《華爾街》（*Wall Street*）此類電影面世之後，人們不斷傾向幻想老闆都是壞蛋、對抗老闆的是好人。CEO正是此類思想針對的目標，難怪他們如今空前重視忠心耿耿的部屬。

忠誠是副手的關鍵特質

　　成功的副手衷心相信公司的願景，認同其價值觀；這絕非僅是表面或假裝出來的，而這也是為何你必須選一個真正感興趣的領域，為一家真心喜愛的公司工作。你得令同事相信你熱誠地希望融入公司，而且並非基於一種盲目的信念。CEO及公司高層希望能確信，你不但打算長期服務，還有奉獻的決心。

　　忠誠的人通常備受信賴，而這是最重要的。如果起初你連小事也靠不住——例如連聖誕節派對的節目安排也無法保守秘密，日後公司的頂級機密——如關鍵的新產品計劃——又怎會有人敢告訴你呢？對老闆要忠心，但給意見時必須誠實。成功的CEO極少聽到有人對他們說「不」，這類成就非凡的人——不只是CEO——有時多少有點不可理喻。就說麥可‧傑克森（Michael Jackson）和瑪丹娜（Madonna）好了，很長一段時間沒人敢對他們說：「我覺得你做的事實在很糟糕。」CEO身邊如果都是唯唯諾諾的人，情況也一樣。作為副手，你必須有勇氣對老闆說「不」，但保持忠誠。

鮑默會是比爾蓋茲不可或缺的副手，其中一個關鍵在於當蓋茲犯錯時，他能夠禮貌地將事實告訴老闆，在此同時保持忠心，並且令老闆相信他的忠心。鮑默這種能力名聞遐邇。

曼格也以能向巴菲特說「不」著稱，他在波克夏的外號是「可惡的說不先生」（The Abominable No-Man）。[11]但不能只懂說「不」！光表示反對是不夠的，副手在說「不」後必須提出新的洞見。如果你不但忠心、可信，還能持續提出獨特的洞見，CEO會重視你的意見，而且非常喜歡你。

你必須真心相信，你服務的公司正派、公正、了不起，否則你無法當一名好副手。你得相信自己的公司令世界變得更好，而你則令CEO表現更佳。你得相信所有的缺點都是可以改正的，沒有障礙是無法克服的。你得相信公司雖然不完美，但瑕不掩瑜，而且那些瑕疵都是可以改正的。

> 忠心，但給意見時要誠實。不要怕對老闆說：「這主意不好。」

副手不能抱怨。有何不滿，你只能提出解決方案。副手不會滿腹辛酸──他們理性之餘，也是熱情洋溢的激勵者。如果你想當一名副手，但CEO與公司無法令你衷心信服，那你就得另找公司或老闆，或兩個都換掉。如果你對當副手不以為然，請選其他致富之路。

---

[11] 見註1。

要有彈性

一名只想寫程式的工程師很難當老闆的左右手，因爲CEO的輔助者必須懂（或學會）銷售、行銷、品牌、製造、供應鏈管理——你想得到的都要會。傑克‧威爾許奉行這種管理模式，令其成爲眾多企業的模仿對象。威爾許旗下的管理人才會在各個部門之間輪調。他有一些部屬是從不輪調的，他們在自己的專業領域有無與倫比的技能。但威爾許也培養一些見識廣博的通才，事實上他如同在培養一個副手團隊——一群具CEO潛質的未來領袖，不但可服務奇異集團，也能任職於任何一家美國大公司。哪一家公司不想聘請經威爾許調教後的企管人才呢？

「會做」vs.「能做」

這就講到了另一個重點，在我公司是關鍵的一點：我期望員工有「會做」（will do）的態度。注意，我講的是「會做」，而不是「能做」（can do），兩者是有差別的。「能做」表示有完成任務的能力，這很好，在某些公司可以成事。但在我的公司和奇異集團則不行。當威爾許說：「鮑勃，你在微波及家電業務上表現出色。做得好！但我現在需要你處理水的生意，特別是新興市場的水質淨化廠。你將駐在吉布地城，OK嗎，夥計？」此時鮑勃不會回答：「好的，傑克，我**能**接受這任務。」

要有「會做」的想法，而不是「能做」。

其實鮑勃對水質淨化一無所知，而且就算拿著軍用的衛星定位器（GPS）也很難找到吉布地。但鮑勃會很愉快地說：「太好了，傑克。沒問題，我會完成任務的。」

「能做」的事已經寫在你的履歷表上，「會做」則意味著你積極接受新挑戰，樂意跳出自己的舒適區（comfort zone）。你對新任務躍躍欲試，深信自己將把事情做好。只要是對公司重要的事，你都會做。你將掌握相關技能，迅速進入狀況。你將聘請必要的人才，他們可能比你更能幹，更了解水質淨化，能令吉布地業務蒸蒸日上。重點不在你個人，而是在公司以及CEO，後者的成功就是你的成功。作為老闆的得力助手，你必須樂於接受挑戰，這種磨練可以提升你的能力——如果你沒陣亡的話，令你更能接受新挑戰。但重點還是在於樂意為公司與CEO完成任務，而不是做你知道自己能做的事。兩者差別很大。

好的左右手深明「會做」之道。他們不會抱怨派駐吉布地，他們會爽快地說：「沒問題。」最厭煩、最不吸引人的任務，他們都樂於承擔。或許你會覺得這有損自己的地位，但相信我，當你愉快地承擔這些厭惡性的工作時，你心儀的老闆會注意到的：這傢伙忠心又進取，會為公司及CEO做任何重要的事。

我的得力副手

在我公司，已有超過25名員工成為百萬富翁，其中有幾位不到40歲就決定永久退休。當中有一人覺得退休生活太無聊，因此又回來上班。部分員工身家遠不只百萬，最有錢的可能是傑夫·席克（Jeff Silk），他真是CEO副手的典範。

傑夫比我小15歲，是我的老師兼終身好友麥克·布辛（Mike Brusin）介紹給我的。麥克也是傑夫的大學老師。（你的大學老師或許可以為你介紹能長期追隨的好老闆。）老實說，傑夫剛來上班時，真的笨手笨腳。但他不斷進步，勇於嘗試，積極進取，而且一直忠心耿耿。每天上班，他都能完全放下自負的心態。他幾乎做遍所有工作：初階研究、電腦硬體、交易、交易管理、客服管理、經營法人部門，以及擔任公司總裁與營運長。傑夫目前是副董事長，在公司可以做任何他想做的工作。他現在比以往任何時期都更努力工作，主要做那些他想做、喜歡做以及認為對公司最有價值的事，而且他現在的工作滿足感也是歷來最高。只要我提出要求，他樂意接受任何任務。

我從來不必費心去想傑夫的學經歷背景——我交給他任何事，他總能辦得妥貼穩當。我的財富比他多很多，我的臭名在業界也響亮得多，但從不曾感覺傑夫對此有何妒忌或不滿。他自己也說從來沒有這種感覺。傑夫在這裡已工作了25年，身家估計超過1.5億美元——也就是說，除了少數超級明星外，他比所有演藝界人士都要有錢。他有一位摯愛的太太（十幾歲時的戀人），三個好孩子，非常美滿的家

—— CEO很少能有如此和諧美滿的家庭生活。傑夫實現了某種美國夢，對自己的生活非常滿意。他有非常剛強的一面，但當我們為他舉辦25週年紀念派對時，他熱淚盈眶。你也應該去一家25年後回想成就時，會讓你熱淚盈眶的公司，跟傑夫一樣賺很多錢，而且生活美滿。很難比這更好了，對吧？

終生的夥伴

當一名好副手，其實真的很像當一個好配偶。首先，好配偶與好副手都懂得做對的事，而且非常忠心。當伴侶做了蠢事時，她很清楚，而且不怕向他指出。他或她總是抱持「會做」的態度，例如：「親愛的，沒問題。我會清理好水溝的。」或是：「我會跟你去看哈里遜・福特的新片，雖然他不再扮演動作英雄，不打壞蛋，也沒有緊張的歷險。這次他是深情款款的男主角，冗長的三小時中一個爆炸場面都沒有。」好的副手或伴侶了解另一方的全部缺點，但仍深愛對方。當一名好副手跟結婚很像，差別在於副手與老闆間的關係通常能維持更久，而且報酬好得多！

副手的書單

有關如何當一名成功的副手，我已將要訣都告訴你了。當然，你若有心走這條路，還可以收集很多進一步的資料。以下著作可以給你一些指引：

1. 《從 A 到 A+》（*Good to Great*），柯林斯（Jim Collins）著。你必須懂得分辨「好公司」與「偉大公司」，當然最好是加入後者當高階副手。這本書會告訴你，具備偉大公司潛質的企業通常有何特徵。

2. 《團隊領導的五大障礙》（*The Five Dysfunctions of A Team*），藍奇歐尼（Patrick Lencioni）著。你所輔助的管理團隊可能成功嗎？還是他們都只是小丑？這本書能助你避開小丑，並了解如何找到並加入合適的團隊。

3. 《UP 學》（*What Got You Here Won't Get You There*），葛史密斯（Marshall Goldsmith）著。必讀之書！作者會教你如何當一名越來越有價值（及薪水越來越高）的副手。如果你想登上 CEO 寶座，此書亦有參考價值。

4. 《人性的弱點》（*How to Win Friends & Influence People*），卡內基（Dale Carnegie）著。這本書也推薦給業務人員，但是副手必讀著作。若想學習如何給人好印象、問對問題、談判，以及超越上司、客戶與員工的期望，此書是最佳指南。

副手指南

　　當副手跟當一名唯唯諾諾的跟班是兩回事。好的（也就是最終會很富有的）副手都有令人敬重的本領。跟當CEO一樣，副手要成功同樣需要長期苦幹，有決心，且能有效控制自負心態。副手經常做最厭惡性的工作，而且不會像CEO那樣得到讚譽。不必抱怨，副手當得好，薪酬好得難以置信。請跟隨以下步驟。

1. **選對老闆**。這比選對產業或公司更重要，很像結婚！要確信自己跟隨的是願景與能力兼具的領袖，是你可衷心信賴的人，而且必須是你大半輩子能融洽同處的人。

2. **選對公司**。當副手是長久之計，因此選對產業、領域與公司極為重要。你可能會轉換僱主，但很可能會留在同一領域。請做好功課，確定自己選對了產業與公司。

3. **選一條穩健的路，或者冒些風險**。跟隨老闆一同創業是副手發大財的好途徑，像Google的施密特、雅虎的史古以及微軟的鮑默皆如此。但這並非副手唯一能走的路。如果害怕新公司風險太大，你可以選擇加入已有穩固基礎的企業——很難掙得數以十億美元計的財富，但來個好幾千萬應該沒問題。

4. **忠心**。副手的關鍵特質是忠心與可靠。但也要學會何時及如何對老闆說「不」。老闆看重副手的忠誠、才幹，以及進諍言的能力。當一個理性，通情達理的激勵者。

5. **要有「會做」的心態**。「能做」是不夠的，要勇於接受挑戰。對公司好的事都要做，而且要自願承擔！既有能力之內的事，人人都可以做。優秀的副手超越「能做」的範疇。

4 名利雙收

想追求名與利嗎？

不介意犧牲隱私？

不妨試試看名利雙收之路。

許多人夢想名利雙收。但多數有錢人並不出名，他們可能經營拖車屋停駐場或做做小生意，可能是會計師或醫生，過的並非名流夢幻般的生活——我們想像中的大型豪華轎車、超級盃冠軍指環、奧斯卡獎座、球隊老闆，或是電影製作人。名利雙收之路是低教育程度人士的職業夢想，他們希望成為職棒球員、電影明星、歐普拉或老虎伍茲。此路可以事先規劃，但如果成年後才開始，成功機率微乎其微，因此必須在童年時就開始。許多小孩夢想有朝一日成為大明星，這種夢想多數落空。警告在先：這是正當的致富之路，但需要艱苦奮鬥，而且成功機率極低。

　　話說回來，此路其實有兩條岔路：一是當明星，如**德里克·吉特**（Derek Jeter，職棒球員）、**惠妮休斯頓**（Whitney Houston）和**卡麥蓉狄亞**（Cameron Diaz）；另一條路則是當經營媒體王國的大亨，如**泰德·特納**（Ted Turner）與**魯伯特·梅鐸**（Rupert Murdoch）。媒體大亨之路比較可行——你不必有傳出美妙旋球的天賦，也不用長得像卡麥蓉狄亞。你只需要不屈不撓、精明幹練，以及一些好運氣——像任何一位成功的商人一樣。而且，當大亨也不受年齡限制。但這無損明星路的吸引力。

　　這兩條路有時會重疊——明星變身媒體大亨，或大亨成為明星，但這是很罕見的事。兼具這兩種身份的名人以**歐普拉·溫佛芮**（Oprah Winfrey，身家25億美元）[1]最富有。她首先是成功的新聞主播（幕前演出），進而主持並製作訪談節目（幕前兼製作）。此外，她亦演出電影，代表作包括《紫色姊妹花》（*The Color Purple*），後來她還將此片製作成百老匯音樂劇。像她這種類型的有錢人非常罕見。瑪莎·史都華（Martha Stewart，身家6.38億美元）[2]則是另一個明星兼生意人的例子。

---

[1] Matthew Miller, "The Forbes 400", *Forbes* (September 20, 2007), http://www.forbes.com/2007/09/19/richest-americans-forbes-lists-richlist07-cx_mm_0920rich_land.html.

[2] Lea Goldman and Kiri Blakeley, "The 20 Richest Women In Entertainment," *Forbes* (January 18, 2007), http://www.forbes.com/2007/01/17/richest-women-entertainment-tech-media-cz_lg_richwomen07_0118womenstars_lander.html.

成功的明星／生意人通常比純粹的明星更富有。像奧爾森（Olsen）雙胞胎姐妹——艾絲莉（Ashley）與瑪麗凱特（Mary-Kate），她們除了是演藝明星，也經營製作公司與服裝生意，兩人身家估計各達1億美元。[3]這對姐妹都是小個子，我老人家可分不出誰是誰了。

明星／生意人近年的另一個例子是**馬克·庫班**（Mark Cuban，身家26億美元）。[4]庫班做生意起家，現在已是美國流行文化的奇葩。除兼具明星特質與生意才幹外，他還是正牌硬漢，一點也不在乎外界的批評，對此甚至有一種非凡的幽默感。就此而言，他是創業型CEO（第1章）的典範。他曾當過酒保，後來開始網路創業，1995年和一名大學時期的好友創辦網路電台公司Broadcast.com。2000年網路泡沫爆破前夕，他及時將公司賣給雅虎，換得價值57億美元的雅虎股票。

庫班不但能把握最佳時機出售公司，也沒有坐等雅虎股價隨網路泡沫爆破而重挫。他以大筆資產跟德州富商羅斯·裴洛（Ross Perot）交換達拉斯小牛隊，此後令NBA當局頭痛不已。至2006年中，他已因在場邊辱罵裁判等不當行為遭NBA罰款160萬美元。[5]另外，他曾因為痛罵NBA的管理跟冰品店Dairy

---

[3] 同上。

[4] 見註1。

[5] "Cuban Slammed with $250,000 Fine," *ABCNews* (June 20, 2006), http://abcnews.go.com/Sports/story?id=2098577&page=1.

Queen一樣糟糕，為表歉意，親自到德州一家Dairy Queen當了一天的服務生，戴著紙帽為顧客送上霜淇淋。[6]

2000年，庫班與夥伴合創媒體控股公司2929 Entertainment。另外，他也是高畫質有線電視公司HDNet的董事長。2007年，他參加電視節目「與明星共舞」（Dancing with the Stars）。此節目邀請三、四線名人與專業舞者搭擋，每週進行跳舞比賽。這讓庫班跟其他參賽名人一樣，也成了幕前明星。（但他參加這節目或許有些詐欺成份，因為他曾經靠教人跳迪斯可謀生。）[7]

編輯擔心我描述庫班時用詞太刻薄了（尤其是上面那幾句，顯得他好像不是大明星似的），怕讀者看了不高興。的確是，我對他真是一句讚美的話都沒有。但是我想，實情是我講的都不夠難聽，沒辦法讓庫班一看就喜歡。要達到這目的，我非得臭罵他不可。而我其實是喜歡這傢伙的。好吧，馬克，以下這段是特地送給你的：你真是一個骯髒下流的※△＊●◎⋯⋯。這樣有讓你覺得好一點嗎？至於各位讀者，我想說

[6] Associated Press, "Mavs Owner Serves Smiles and Ice Cream," *The Daily Texan* (January 17, 2002), http://www.dailytexanonline.com/sports/mavs-owner-serves-smiles-and-ice-cream-1.1266192.

[7] Cathy Booth Thomas, "A Bigger Screen for Mark Cuban," *Time* (April 14, 2002), http://www.time.com/time/magazine/article/0,9171,1002285-3,00.html.

的是：如果你已經是一名大亨，賺了很多錢，你也可以成爲一位名人，就像馬克・庫班一樣。

明星路

那麼，怎樣才能成爲搖滾巨星、美式足球職業球員，或者卡麥蓉狄亞？首先，所謂出名要趁早，明星路當然也是這樣。如果你超過15歲才開始踢足球，抱歉，你不可能成爲職業球員。演戲的話或許可以晚一些開始，比如說18歲，但許多演員年紀很小時就入行了。不管走哪一條路，你都得勤奮、用功、堅持不懈。一名50歲、賺很多錢的CEO，很可能是大學畢業後就開始打拼，已經努力了30年！但一名35歲的職業運動員，可能也已經打拼了30年。就說**老虎伍茲**（Tiger Woods）吧，很多人都知道他兩歲就開始打高爾夫球了。[8] 兩歲的伍茲可能沒有他爸爸那麼喜歡打高爾夫吧。但如果想22歲就在大師賽奪標，兩歲開始似乎也只是剛好而已。誠如麥可・喬丹所言：「職業球員，就是不情願時也要**繼續練習**的人。」

---

[8] Mike Morrison and Christine Frantz, InfoPlease, "Tiger Woods Timeline," http://www.infoplease.com/spot/tigertime1.html.

入行

想靠才藝致富必須及早決定。35歲才想入行，不管是在好萊塢、美式足球聯盟（NFL）、高爾夫還是任何其他領域，都是不可能成功的。這不是說年紀大就沒有才藝，像**凱瑟琳赫本**（Katharine Hepburn）87歲還能演戲，不過她是早就入行了。難道沒有奇蹟嗎？有的，但機會微乎其微。**葛倫克蘿絲**（Glen Close）35歲時才演出第一部電影。鄉村音樂巨星奈歐蜜（Naomi）的女兒**薇諾娜賈德**（Wynonna Judd）38歲才唱出第一首大紅的歌曲。關鍵是？記住「機會微乎其微」就可以了。絕大多數明星很早就入行了。如果你還沒開始，而且年紀已經不小，這本書是值回票價了，因為你可以停止發明星夢了。考慮其他致富之路吧。

那麼，如果你很年輕，又決心走才藝明星之路，該怎麼做呢？練習。整天練。每天練。成功的明星除了早早入行外，還能異常專心地操練。小甜甜布蘭妮（Britney Spears）和賈斯汀（Justin Timberlake）童年時練習之刻苦，超乎你的想像。許多職業運動員小時候過得像修道士，黎明前起床，上學前、上學時及下課後都在練習。所以，你應該早上5點就起床，好好跑步練氣。

想成為搖滾樂巨星？加入教會合唱團吧，周末到老人院彈吉他，在社區活動上表演。無論條件多糟，不要拒絕任何演出機會。看過「美國偶像」（American Idol）這節目嗎？幾乎所有參賽者都是九歲就開始面對觀眾唱歌。

如果想演戲，就演吧。到社區大學上表演課，大城市會有很多選擇。上課基本上是額外的練習。想自學的話，建議你看烏塔・哈根（Uta Hagen）的《尊重表演藝術》（*Respect for Acting*），以及史坦尼斯拉夫斯基（Constantin Stanislavski）的《演員的自我修養》（*An Actor Prepares*），後者會告訴你什麼是方法演技。但不要忘了加入一個本地劇團或夏季演出團體，爭取機會開始演出吧。

自我行銷

若想成功，你必須懂得自我行銷，否則會錯過機會。嶄露頭角後，你就可以讓經紀人幫你宣傳。（演藝與運動都是工會勢力很強的行業，你必須遵循工會的規矩。）但怎樣才能嶄露頭角呢？你可以在《Back Stage》雜誌上找到所有主要城市的試鏡資料，包括電視、電影、旁白、電台，應有盡有。而就算你還不是專業人士，也可以登錄自己的資料！你可以在該雜誌網站Backstage.com刊登和搜尋自己的履歷（雖然篇幅很小）。你需要一張大頭照（8×10黑白照片──找個攝影師或技術高超的朋友幫你拍）和一個電話號碼。這網站也告訴你試鏡前該準備些什麼：唸熟一段獨白、練習某種腔調，以及幾段百老匯音樂戲的歌曲。有《*Back Stage*》的幫助，你只要拍好大頭照並準備好試鏡，就萬事俱備了。是否接工作看你自己，這裡講的是如何行銷。

你最終得找經紀人幫忙。他們會替你找到更重要的工作機會，當然也會抽你佣金。《*Back Stage*》雜誌也列出了演藝經紀人的資料。注意：千萬不要為試鏡機會付錢，也不可以先付錢給經紀人。真正的經紀人在你拿到薪酬前不會向你要錢。如果他們要求你先付錢，那肯定是騙局。一定是。馬上跑。

如果有一天你像布萊德彼特（Brad Pitt）那麼成功，你可以慢慢挑自己想做的工作。但作為新人，如果有人付你7美元時薪，穿公雞裝在路邊跳舞，你就跳吧。有關新人須知，《*Back Stage*》整體而言是很好的資訊來源。另外也可以參考 Larry Garrison 與 Wallace Wang 合著的《*Breaking Into Acting for Dummies*》。此書講的是演藝生涯的事務面，包括如何寫好履歷表、如何找各式各樣的工作，以及如何跟工會打交道。

你最終得加入某個工會，否則無法做某些工作。不過一旦成為會員，你就會受嚴厲的工會規則約束。記得2008年的好萊塢撰稿人罷工嗎？許多撰稿人可能不想休四個月的無薪假，但一旦工會決定罷工，他們也不得不跟。

搖滾吧，不要停

想當搖滾樂明星，法則也一樣：推銷自己，接所有能接的工作。到每一家酒吧去，跟老闆說自己可以來表演，免費！
（等有了歌迷，你就可以要求酬勞。）做一套宣傳資料，包括
一張照片、一些樂評（請你媽媽寫——如果你年紀大到沒辦
法請媽媽幫你寫，那你就真的太老了）、一些剪報，以及一張
CD。寄給演出場所與表演經紀人，越多越
好！你聯繫的人越多，機會越多。

想靠才藝賺錢，你
得懂得自我行銷。

　　以前流行音樂市場以錄音室灌錄的唱
片為主。現在不是這樣了！只要有一台像
樣的電腦，幾乎所有人都可以自製CD，而幾乎所有歌曲都可
以透過iTunes買到。現在想成為巨星，要不得懂得寫歌（見
第8章），要不得巡迴演唱。甚至像**瑪丹娜**、U2以及嘻哈歌王
Jay-Z（稍後再講他）等巨星，也摒棄了老牌唱片公司，跟Live
Nation簽了鉅額合約——瑪丹娜的合約值1.2億美元，Jay-Z更
多，達1.5億。[9]Live Nation是從廣播集團Clear Channel分拆出
來的公司，在世界各地經營數以百計的演唱場地。

　　但在你能簽下1.5億美元的合約前，你得奔波跋涉，到處
演出。那麼，到哪裡找表演經紀人呢？像當演員一樣！記得，
不要先付錢給經紀人。然後就是……推銷自己！你可以透過

---

[9] Associated Press, "Madonna Announces Huge Live Nation Deal," *MSNBC* (October 16, 2007), http://www.msnbc.msn.com/id/21324512/; Jeff Jeeds, "In Rapper's Deal, a New Model for Music Business," New York Times (April 3, 2008), http://www.nytimes.com/2008/04/03/arts/music/03jayz.html.

電話簿或本地的工會組織尋找表演經紀人。送他們一份你的宣傳資料，並邀請他們看你的表演。你得看Donald Passman寫的《*All You Need to Know About the Music Business*》，了解如何找經紀人與敲定合約。如果想更深入了解這一行，則可以看Jacob Slichter的著作《*So You Wanna Be A Rock & Roll Star*》。看完之後，或許你會打消當搖滾巨星的念頭。

運動明星

　　職業運動員的路比較清晰可循：高中運動明星→獲大學招攬→在學界比賽中表現出色→獲職業球隊招攬。如果你高中時還不是運動明星，請走其他路。直接從高中跳到職業比賽是非常罕見的。當然也有成功的例子，像科比‧布萊恩（Kobe Bryant），但你最好不要這麼做。先唸完大學，萬一將來職業生涯因重大傷患而驟然結束，至少還有一個學位。網球選手通常不走大學選秀之路，奧運體操選手也一樣——但體操運動員大概19歲就不再比賽了，而且通常無法「名利雙收」。不過，老虎伍茲是上過大學的！雖然後來他輟學了（跟賈伯斯及比爾蓋茲一樣），但至少他曾上過史丹佛大學。

　　職業運動員需要經紀人，最著名的業者可能是IMG，該公司旗下有許多體育巨星。其他業者可瀏覽相關名錄（www.prosportsgroup.com）。再次提醒你，不要先付錢給經紀人！等你拿到酬勞時,他們才抽佣金。永遠都是如此。經紀人幫你爭取更好的合約,接洽贊助與代言機會,以及授權早餐麥片公司Wheaties將你的照片放在他們的麥片盒上。廣告代言與其他授權收入是運動明星的主要收入來源(就像作家的影視與商品授權收入,見第8章)。因此,想成為職業運動員,請:1.苦練;2.唸完高中;3.上大學;4.找個經紀人;5.成為Nike的商品代言人。就是這麼簡單。現在出去再跑幾圈吧。

崎嶇滿路

才藝之路朝氣蓬勃,但非常不可靠。堅持不懈是必要的,但跟商業上能否成功關係不大。光有才華也是不夠的。以演戲為例,不管你是多有天分的演員,找到表演工作的機會還是非常低。相關統計很恐怖。勞工統計局的數據顯示,美國每年只有約15.7萬份演出工作。不是15.7萬名演員,而是15.7萬份工作(包括那些穿著公雞裝在街上跳舞的工作)。真不曉得有多少想演戲的人在等開工。電影與電視演員工會——銀幕演員工會(SAG)約有10萬名會員,但SAG也承認,只有50位會員每部片能拿到超過100萬美元的片酬。拿到更高片酬的,就只有極少數的巨星了。據勞工統計局的數據,演員的薪酬中位數是每小時11.28美元——有工作時才有這樣的收入！[10]記得那些戴爾電腦的廣告嗎？頭髮鬆散的年輕人大喊：「老兄，你買了一台戴爾！」該演員三年內拍了許多戴爾廣告，估計賺了不少。儘管如此，不久前他在曼哈頓一家熱門墨西哥餐廳Tortilla Flats當酒保。[11]他曾經是很成功的演員呢！

假設每一份表演工作背後有100位沒工作的演員（這很可能是保守估計），那就是說美國約有150萬名自稱「演員」的人經常在等開工（看他們的稅單你會難以相信他們是演員，而其實他們大部分人收入太低，根本不必繳稅）。想一想，150萬名演員，只有50位高收入人士，也就是說，你在這一行賺大錢的機率約為0.003%。你或許能勉強維持生計，但時薪中位數只有十幾美元，這意味著你的年所得很可能是2.5萬美元，而不是像卡麥蓉狄亞那樣。

音樂之路一樣崎嶇。雖然這行的失業人數沒有正式統計，但像滾石樂團這種成功例子是少之又少的。運動明星也一樣！棒球的成功機率最高：據全美大學體育協會（NCAA）的統計，如果你高中時代表學校出賽，將來晉身大聯盟的機率約為

---

[10] US Department of Labor, Bureau of Labor Statistics, "Actors, Producers, and Directors," (December 18,2007), http://www.bls.gov/oco/ocos093.htm.

[11] "Dell Dude Now Tequila Dude at Tortilla Flats," *New York Magazine* (November 7, 2007), http://nymag.com/daily/food/2007/11/dell_dude_now_tequila_dude_at.html.

0.45％。[12]夠低吧！而且，你還得成為巨星，才領得到巨星的薪酬。職棒球員的最低年薪約為30萬美元。[13]不算差，但靠這樣的薪水是成不了富翁的，因為職業球員的生涯不會很長。如果你棒球不夠強，可以試玩冰上曲棍球（成為職業球員的機率是0.32％），但薪水比不上棒球。美式足球巨星的收入非常好，但成功機率低很多（成為職業球員的機率是0.08％）。籃球呢？只有0.03％。女生更慘，女子高中籃球隊隊員成為職業球員的機率只有0.02％。[14]女性職業球隊較少。這世界是不公平的。不過，整體而言，這種成功機率還是高於成為卡麥蓉狄亞的可能。

早早入行，堅持不懈。但別忘了要另有謀生技術。

　　你或許會說：「但卡麥蓉狄亞一部片就能賺2,000萬美元！」有這樣的身價，又何必做很久？嗯，拍一部電影，片酬2,000萬，付錢給經紀人、會計師、健身教練、廚師、靈修導師，還有瑜伽教練，剩下700萬美元，的確也夠許多人退休

---

[12] Nicole Bracken, "Estimated Probability of Competing in Athletics Beyond the High School Interscholastic Level," *National Collegiate Athletic Association* (February 16, 2007), http://www.ncaa.org/research/prob_of_competing/probability_of_competing2.html.

[13] National Collegiate Athletic Associatio, "Major League Baseball General Information," http://www1.ncaa.org/membership/enforcement/amateurism/player_contracts/mlb_info/mlb_gen_info?ObjectID=25544&ViewMode=0&PreviewState=0.

[14] 見註12。

了。不過，要拿到2,000萬的片酬，你得有卡麥蓉狄亞的地位才行——也就是說，你必須早早入行，而且還可能得像浮士德那樣跟魔鬼交易。這就說到所有致富之路的一個共同特徵！片酬2,000萬美元的人是不會只拍一部片就退休的。他們不輕言放棄，都是不屈不撓、積極上進的人。你也必須這樣。我不是想打擊你，我只是提出忠告：走才藝之路時，也培養一些謀生技術。萬一當不成明星，改走其他路時不會那麼痛苦。

名大於利

　　而且，即使是天王巨星，其財富也遠不如真正的富翁。富比世400大富豪榜上，沒有一位是純粹的才藝明星。歐普拉是媒體老闆多一些！所得最高的「純明星」是老虎伍茲，2006年據稱賺了1億美元。[15] 伍茲有一天應該可以登上富比世400大富豪榜。但看看瑪丹娜，她在理財方面顯然有問題。2006年她收入7,200萬美元，而且發跡已數十年，但身家只有3.25億美元。[16] 以她收入之豐、經營之久，這樣的財富太少了。她成為巨星已經25年了，只要每年存個區區1,000萬並明智投資，現在至少應該有10億美元。萊茵石內衣又花得了多少錢呢？

---

[15] Lea Goldman, Monte Burke and Kiri Blakeley, "The Celebrity 100," *Forbes* (June 14, 2007), http://www.forbes.com/2007/06/14/best-paid-celebrities-07celebrities_cz_lg_0614celeb_land.html.

[16] 見註2。

很少演員能攢得驚人財富。**布萊德彼特**2006年據稱收入3,500萬美元，比他的好友**喬治克隆尼**（George Clooney）多1,000萬。布萊德的前女友——所有人都喜歡的朋友——**珍妮佛安妮斯頓**（Jennifer Aniston）2006年則賺得1,400萬。[17]這些大明星的收入也就是這樣。連瑪丹娜都進不了富豪榜，他們更不行。

星途陷阱處處，風光短暫，全無隱私

另外，明星生涯陷阱處處，許多人僅有短暫風光。一部電影失敗了，一張唱片滯銷了，幾場比賽打不好，你可能就不再有機會了。另外，明星的生活方式容易令人自毀。這方面我就不必多說了，任何人只要留意新聞都了解。同儕壓力、吸毒濫藥、離婚等等，都容易令明星自毀，對累積財富當然也很不利。而且，明星是沒有隱私的。他們不能隨意出現在公眾場所，否則會被人圍住，寸步難行且有人身危險。不信嗎？我的一個朋友曾和琥碧戈柏（Whoopi Goldberg）半夜三點去一家7-11便利商店，結果成了狗仔隊的目標，安全起見只好落荒而逃。離譜吧？何況琥碧並不是好的八卦題材。

> 想長期名利雙收，不要做蠢事，不要自毀。

---

[17] 見註15。

　　而就算你自己不做蠢事，你的夥伴也可能會傷害你。前拳王**麥克‧泰森**（Mike Tyson）控告經理人**唐金**（Don King）管理他的財產時未善盡責任，最終獲得1,400萬美元的和解金。[18]唐金或許真的沒有幫泰森好好理財，但泰森生活放縱，揮霍成性，也是人盡皆知的事。

　　童星是特別容易受傷害的一群，他們需要非常謹慎負責的父母，工作上必須有人關懷照顧。**蓋理‧寇曼**（Gary Coleman，1980年代情境喜劇《Diff'rent Strokes》的主角）當童星時賺了至少800萬美元，大部分被父母以管理費之名拿走了。[19]他後來提起告訴並打贏官司，但雖然拿到錢，後來還是破產了。**柯瑞‧費德曼**（Corey Feldman，1980年代曾演出多部熱門電影，包括《站在我這邊》〔Stand By Me〕）也是類似的受害者，他父母只留給他約4萬美元。[20]被敲詐不是唯一問題，許多明星的光輝僅曇花一現。像**麥考利‧克金**（Macaulay Culkin），誰知道他現在跑哪兒去了？明星路得早起步，早成

[18] Jon Saraceno, "Tyson: 'My Whole Life Has Been a Waste,'" *USA Today* (June 2, 2005), http://www.usatoday.com/sports/boxing/2005-06-02-tyson-saraceno_x.htm.

[19] "Actor Gary Coleman Wins $1.3 Million in Suit Against His Parents and Ex-Adviser," *Jet* (March 15, 1993), http://findarticles.com/p/articles/mi_m1355/is_n20_v83/ai_13560059/.

[20] Daniel Kreps, "Van Halen Reunion Tour Grosses $93 Million," *Rolling Stone* (June 5, 2008), http://www.rollingstone.com/rockdaily/index.php/2008/06/05/van-halen-reunion-tour-grosses-93-million/.

名，但還得有源源不絕的後勁。

好萊塢喜歡年輕貌美的人，職業運動員必須有強勁體能，而連樂壇也對老人家不利。沒錯，**史普林斯汀**（Springsteen）、**U2**、**滾石**和**瑪丹娜**都還能推出熱門新作並巡迴演唱，1972年成立的**范海倫**（Van Halen）2007年巡迴演唱還能賺得近1億美元。[21] 他們都還是大牌明星，但星途也差不多到頭了。新人輩出，後浪洶湧，長青的明星是很罕見的。**邦茲**（Barry Bonds）是棒球界的超級巨星，但這位前輩的球員生涯也很可能到此為止了。職業運動員年過四十就幾乎不可能是一線好手了。演員方面，男性比較佔優勢。**哈里遜福特**和**史恩康納萊**（Sean Connery）還算得上性感迷人，但女演員老了可就不行了！就年紀而言，**茱蒂丹契**（Dame Judi Dench）跟史恩康納萊比較搭，但大概不會有電影公司找她演他的情人。**蜜雪兒菲佛**（Michelle Pfeiffer）或許有機會，但就算

> 如果你自己不擅理財，請人幫忙吧。

是她，要演愛情片的女主角，很可能還是會被嫌老。女明星跟職業運動員一樣，四十幾歲星運就差不多了。在此之前，她們最好存夠錢退休。

成功機率極低、錢又不是真的那麼多（相對其他致富之

---

[21] Amy Fleitas and Paul Bannister, "Big Names, Big Debt: Stars with Money Woes," *Bankrate.com* (January 30, 2004), http://www.bankrate.com/brm/news/debt/debt manage_2004/big-names-big-debt.asp.

路而言），而且陷阱處處，自毀（或被夥伴陷害）的可能性不小，這就是才藝明星之路。你真的決心要走這條路嗎？是的話，未來能阻止你的，大概只有你自己了。

小測驗

誰是史上最富有的職業運動員？

答案是：馬‧懷特（Matt White）！不認識對吧？他是職棒選手，現在還是日本橫濱海灣星隊的投手，九個球季投了254場球。懷特的財富來自他購買的土地，那是一位伯母因為進療養院需要現金而賣給他的。這片土地上後來發現了2,400萬噸的Goshen stone，一種適用於建造園林的漂亮石材。若以每噸100美元計，懷特的財產高達24億美元。*有時發大財不必靠才藝，懷特就是絕佳例子。全球最富有的職業運動員並非靠運動致富。真有趣。雖然暴得巨富，懷特表示將繼續打棒球。所有人都需要有嗜好嘛。

---

* Michael Farber，「The Billionaire in Triple A」，《體育畫報》（*Sports Illustrated*），2007年4月3日。

媒體大亨

追逐名利雙收比較可靠的路是當一名媒體大亨。這些大亨跨足媒體與娛樂事業，擁有製片廠、有線電視公司、網路、唱

片公司、雜誌出版事業，有些還經營職業運動隊伍。某些媒體
大亨還親自製作電影或唱片。他們的財富遠遠超過才藝明星，
富比世400大富豪榜上多的是媒體大亨：

- **麥可・彭博**（Michael Bloomberg），彭博資訊集團的創始
  人，現任紐約市長，身家115億（美元，下同）。
- **查爾斯・厄金**（Charles Ergen），衛星電視公司EchoStar創
  辦人（102億）。
- **魯伯特・梅鐸**，新聞集團執行長，不久前收購了華爾街日
  報（88億）。
- **薩默・雷史東**（Summer Redstone），Viacom與哥倫比亞廣
  播公司（CBS）的主要股東，曾公開斥責湯姆克魯斯（很
  可能是湯姆・克魯斯自找的）（76億）。
- **詹姆斯・肯尼迪**（James C. Kennedy）與**布萊爾・柏理奧
  克登**（Blair Parry-Okeden），兩人是兄妹，Cox有線電視公
  司創辦者的後人。詹姆斯是Cox執行長（各63億）。
- **大衛・葛芬**（David Geffen），Geffen唱片公司創辦人，夢
  工廠（DreamWorks）共同創辦人。大學沒唸完，曾當過
  信件處理員，柯林頓夫婦昔日的朋友（60億）。[22]

---

[22] 見註1。

　　名單很長，例如還有大名鼎鼎的**喬治盧卡斯**（George Lucas，39億）及**史蒂芬史匹柏**（Steven Spielberg，30億）。那你曉得囉，財富最多的這批富豪中，沒有一位是純才藝型的明星，但大亨卻很多。媒體大亨顯然賺更多，而且可以做更久！梅鐸已經77歲，葛芬65歲，都還老當益壯。當大亨需要膽識、決心以及商業頭腦，但不需要卡麥蓉狄亞的外表，也不必年輕。

　　雖然最大的大亨我都提到了，顯然還有很多成功的「小型大亨」。像我朋友**吉姆‧克瑞莫**（Jim Cramer，身家估計在5,000萬至1億美元間）[23]，年紀不小（也就是比卡麥蓉狄亞大），先是在理財業（見第7章）發跡，再創辦TheStreet.com，然後當起了財經名嘴，名滿全美，電視、書籍，到處都是他的蹤影。他主持電視節目活力充沛，不拘一格，實在也是一名才藝明星。但吉姆並非出身電視業，在創辦TheStreet.com前、在經營對沖基金前、在任職高盛前、以至在就讀哈佛法學院前，他是一名記者，曾於加州追蹤連環凶殺案，得隨身帶一把小斧頭和槍保護自己。[24]吉姆多才多藝，在最終成為「才藝大亨」前，做每一行都頗有成就，但也並非超級成功。這說明：名利雙收

---

[23] "The Mad Man of Wall Street," *BusinessWeek* (October 31, 2005), http://www.businessweek.com/magazine/content/05_44/b3957001.htm.

[24] James J. Cramer, Confessions of a Street Addict, (New York: Simon & Schuster, 2006).

並不需要一開始就非常成功。

你可以小規模起家，逐步擴充事業。看看今天的有線電視業，超過500個頻道！在越來越多美國民眾從高稅州遷往稅負較合理的州之際，人們對地區電台、新聞以及娛樂節目的需求日增。但請注意：你得具備商業手腕，才可能成爲成功的媒體大亨。有關經營生意的技巧，請參閱第2章；有關私募基金業，則請閱讀第7章。只要收購相當規模的小型地區媒體事業，你即可成爲不可忽視的媒體業者。

大亨路上的陷阱

媒體大亨要避免的重大錯誤其實只有一個——業務不夠多元化。最佳例子莫過於那些專注經營報紙的公司，如今多數處境窘迫。報紙業一度極爲興旺，但今非昔比。沒錯，梅鐸不久前的確才像收藏玩具那樣買下華爾街日報，但只要瀏覽富比世富豪榜，我們即可學到許多教訓。其一即是：如今辦報幾乎鐵定虧錢。

以往不是這樣的。像出版業鉅子**威廉．藍道夫．赫斯特**（William Randolph Hearst）的財富即惠澤一代又一代的後人，還令他的孫女貝蒂（Patty Hearst）1974年因遭綁架而聲名遠播（情況類似第7章的Eddie Lampert，但Lampert處理得比較好）。創立普立茲獎的**喬．普立茲**（Joe Pulitzer）也打造了自己的媒體王國。**西・紐豪斯**（Si Newhouse）亦然，他因爲有先見之明，及早擴展報紙以外的生意，身後事業繼續興旺。

　　紐豪斯迄今仍是紐約市的顯赫人物，史坦頓島（Staten Island）一渡輪仍以他爲名。[25]他13歲即擔起家裡的生計，16歲時接手經營他的第一份報紙《Bayonne Times》。（雖然當大亨不需要太早起家，但紐豪斯很年輕就開始自己的事業。一如卡麥蓉狄亞！）1922年，27歲的紐豪斯花了9.8萬美元，首次百分百收購一份報紙，這就是他終身持有的《史坦頓先鋒報》（Staten Island Advance）。[26]

　　雖然成就非凡，紐豪斯僅創辦了一份全新的報紙。他收購那些窮途末路的報社，然後大力改造，扭轉逆境；這些報紙的主要發行地區通常不久之後亦興旺起來。紐豪斯自食其力，這對任何創業型CEO來說均是明智之路（見第1章）。他將盈利都投注在擴充生意上，非常注意控制成本，並且力抗工會，認爲工會勢力會增加經營成本並不利產品素質。紐豪斯的事業一度是全美第三大媒體王國，僅次於赫斯特以及Scripps-Howard。隨後他拓展電視、有線電視、電台以及雜誌出版等事業，因此當報紙業開始不景氣時，他並未深受衝擊。

---

[25] 紐約市交通部，「渡輪與公車」，http://www.nyc.gov/html/dot/html/ferrybus/statfery.shtml。

[26] 見 Advance Publication Corporate Timeline, http://www.cjrarchives.org/tools/owner/advance-timeline.asp.

　　紐豪斯於1979年逝世，留下他的公司先鋒出版（Advance Publication Inc.）給兩個兒子，旗下事業包括六家電視台、15家有線電視台、數個電台、隸屬Conde Nast品牌的七份雜誌，以及包括《史坦頓先鋒報》在內的31份報紙。當然，還有很多現金。

　　順帶一提：創富者的下一代通常缺乏創富能力。這或許是因為富家子弟的日子過太爽了。但紐豪斯的兒子Samuel與Donald並非如此，他們繼續擴大事業版圖，著名雜誌如《紐約客》、《Vogue》、《Vanity Fair》與《Gourmet》均被收歸旗下。[27]自富比世400大富豪榜1982年推出以來，Samuel與Donald是少數每一年都榜上有名的人士，這真的不簡單。他們現在身家各值85億美元。[28]

> 多元化經營方能打造可持久的媒體王國。

　　紐豪斯媒體王國能壯大，有賴經營者成功拓展報紙以外的事業。如今在報界創業已賺不了大錢：大型報紙因網路上的免費新聞而大受衝擊，小型報紙的處境則可能更艱困，因為分類廣告已大量流向eBay與Craigslist等網路業者。教訓就是：做媒體不能獨沽一味，要多元化經營，做全方位的媒體公司。

---

[27] Geraldine Fabrikant, "Si Newhouse Tests His Magazine Magic," *New York Times* (September 25, 1988), http://www.nytimes.com/1988/09/25/business/si-newhouse-tests-his-magazine-magic.html.

[28] 見註1。

嘻哈教主

那現在有什麼要比辦報好得多？嘻哈（hip-hop）！這是現今極為賺錢的生意，而且嘻哈教主的生意似乎都高度多元化。（注意：和純才藝明星一樣，成為嘻哈教主的可能性極低。建議你很年輕就開始嘗試，並且拿一個大學學位，為自己留個退路。）

西恩‧康柏斯（Sean Combs，外號「吹牛老爹」）建立了媒體王國「壞男孩」（Bad Boy），旗下事業包括一家唱片公司、多個服飾品牌、一家電影製作公司以及多家餐廳。他身兼表演藝人、音樂與電視製作人及作家，甚至還參與百老匯演出。這些生意在2006年為他賺得2,300萬美元，而他的財富淨值約為3.46億美元。[29] **羅素‧西蒙斯**（Russell Simmons）是和康柏斯類似的多元化嘻哈生意人，身家估計約為3.40億美元。西蒙斯的財富來自兩家唱片公司及一個服飾品牌。[30]（嘻哈教主似乎都擁有服飾品牌。）

生意最成功的嘻哈教主是Jay-Z，他本名**蕭恩‧蔻利‧卡特**（Shawn Corey Carter），一度因為被控刺傷一名唱片業同行

---

[29] Panache Report, "Three Richest Men in Hip-Hop For 2007," http://panachereport. com/channels/coverstories/jennifer.htm.

[30] 同上。

的肚子而遭判三年緩刑。[31]Jay-Z開創自己的唱片事業時，聰明地跳過所有中介者——唱片公司、通路商、經理人以及製作人，好讓自己能多賺一些。此策略大獲成功，令Jay-Z財富暴增。他還名不見經傳時，就和朋友創立自己的唱片公司Roc-A-Fella Records，並於1996年推出個人首張專輯。就此而言，他是自食其力的典型創業CEO。隨後他創立Rocawear服飾品牌，生意極度興旺。2007年，他以2.04億美元售出Rocawear的品牌使用權，但保留自己的持股，同時繼續主導行銷、產品開發以及授權事務。[32]

和所有成功的媒體大亨一樣，Jay-Z的收入來源很多樣。他先前是Def Jam與Roc-A-Fella兩家唱片公司的CEO，自己的演唱與服飾品牌事業亦極為成功。他的生意還包括擴展中的運動酒吧連鎖集團40/40 Club。另外，Jay-Z還製作電影、為商品代言、授權廠商使用他的品牌與著作，同時也是其他藝人的經理人（即使你看不出他們有多少才藝，他們仍稱之為「藝人」）。他是百威（Budweiser）啤酒的代言人之一，也是該啤酒製造商Anheuser Busch的行銷顧問。和其他真正的大亨一

---

[31] Billy Johnson Jr., "Jay-Z Stabbing Results In Three Years Probation," *Yahoo! News* (December 6, 2001), http://music.yahoo.com/read/news/12050127.

[32] "Jay-Z Cashes in with Rocawear Deal," *New York Times* (March 6, 2007), http://dealbook.blogs.nytimes.com/2007/03/06/jay-z-cashes-in-with-200-million-rocawear-deal/.

樣，Jay-Z買下了一支運動隊伍——他是NBA球隊紐澤西籃網的大股東之一。《富比世》雜誌估計他2006年收入8,300萬美元，[33]財產淨值則為5.04億美元。[34]電影明星們，眼紅得不得了吧？

以Jay-Z製作、經營、收購、設計與創作的速度，只要他不再被控刺傷某個人（應該不太可能，他漂亮的新婚妻子**碧昂絲**〔Beyonce〕應該可以制止他），他很快就會登上富比世400大富豪榜。我又提到Jay-Z涉嫌刺傷人的事，編輯對此大皺眉頭（和看到我寫馬克‧庫班時一樣），覺得這有損人格，顯得我很刻薄，可能令尊貴的讀者覺得不悅。但我覺得如果我闡述Jay-Z的事跡而不提此事，Jay-Z反而會不高興，因為他自己對此並不以為意，還將此事編到自己的嘻哈歌曲中。如果你想走這條路，你的皮膚得像鯊魚皮那樣堅韌才行。

才藝明星的書單

有志當媒體大亨的人，應閱讀本書第1及第2章，以及當中建議的書籍，了解創業與當CEO的要訣——因為道理都是一樣的。若想走純才藝型名人之路，則請閱讀本章提到的書，以及下列幾本：

---

[33] 見註15。
[34] 見註29。

- 《*Audition*》，Michael Shurtleff 著。演員必讀之書。作者爲許多電影與表演選角，非常清楚要的是什麼。有志表演事業者應先看這本書。

- 《*An Agent Tells All*》，Tony Martinez 著。演員或「藝人」都需要經紀人，本書由知情人士爲你提供許多有價值的資訊。

- George Huang 的《*Swimming With Sharks*》。你猜對了，這不是一本書，而是一部有志於好萊塢事業的人必看的電影。如果你意向不夠堅定，這部片可能令你打消當藝人的念頭。

- 《重返豔陽下》（*It's Not About the Bike: My Journey Back to Life*），藍斯·阿姆斯壯（Lance Armstrong）與 Sally Jenkins 合著。覺得自己處境艱困嗎？如果 25 歲就被「判死刑」又如何呢？如果你眞的很想當一名職業運動員，請閱讀阿姆斯壯的故事，看看自己是否有這份勇氣與毅力。

名利雙收指南

　　這是最艱難的致富之路，每名成功者的背後有成千上萬（甚至是百萬）名失敗者或曇花一現者。但名利雙收是極大的誘惑，因此人們仍前仆後繼地嘗試。這是一種「美國夢」，極致成就是在加州Malibu擁有一棟房子，並有多位保全人員保護你幾十年來費盡心機想犧牲掉的隱私。

　　但如果你能做對一些事，還是可以提高自己名利雙收的機會。這當然不容易，否則人人都可以是卡麥蓉狄亞了。

如何成為富有的才藝明星

1. **及早起步。** 幾乎所有類型的才藝明星都很早就入行並堅持不懈。所謂「大器晚成」者（即接近30歲或更老才冒出頭來），年輕時也幾乎一定下了很多苦功。

2. **要有可信賴的父母和／或經理人。** 才藝明星二十多歲時如果沒有崩潰，背後幾乎一定有負責任的父母以及／或正派、負責的經理人。缺乏父母或長輩引導的才藝明星往往狀況百出，常常進出康復中心。

   明星也可能碰上惡質經紀人，大部分酬勞被經紀人吃掉。和僱用任何專業人士一樣，你的經紀人必須有可靠的過往績效以及清楚的收費方式。（藝人經紀人公司最大規模、最受尊敬的兩家業者是Creative Artists Agency 與William Morris Agency。）

3. **自己也要有責任心。** 演戲、出唱片雖然可以賺很多錢，但如果自己行為幼稚愚蠢，將錢浪費在蠢事與療傷上，又有何意義呢？明星揮霍無度，耗費鉅款做一些低級、沒品味的事，以及濫用藥物與官司纏身的例子比比皆是，我也不必多說了。

4. **了解自己的需求**。明星要是學會財務預算，很可能就不會浪費那麼多錢在鑽石珠寶與律師上。拍一部片可得1,000萬美元，不代表可以每年花費1,500萬美元。就算你贏了超級盃足球賽，也擺脫不了數學定律。

明星路通常不長久，因此明星得清楚自己必須賺多少錢才夠自己、家人、前幾個老婆、前幾個老婆生的孩子以及一大群的女友花用。如果你日常得僱用司機、保鑣、廚師、按摩師以及瑜伽導師，請確保自己的年度開銷不超過總流動資產的4%左右。超過的話，你可能得節制一下。

5. **簽一份很好的合約**。如果做得到的話。

6. **要一再的成功**。曇花一現的明星，出名的那15分鐘可以賺一大筆，但除非他們能將自己的名氣變成源源不絕的收入（見第8章），否則是不夠一輩子花用的。他們應考慮閱讀本書其他章節。

如何成為富有的媒體大亨

1. **了解市場**。你或許覺得自己有最新的科技、最好的產品與節目以及最強的內容，但如果你的目標群眾不感興趣，最新、最好和最熱門等同失敗。成功的大亨非常清楚目標市場需要些什麼，並且能很好地掌握趨勢的轉變。

2. **低買高賣**。要有私募基金公司的想法。紐豪斯收購媒體
   事業時，從不在乎收購目標是否有名氣。你也應該像他
   一樣，發掘並投資具成長潛力的生意。但要記住，新興
   市場有時未曾興起即已沉沒。名氣很響不代表能賺很多
   錢，像《紐約時報》就是很好的例子。

3. **多元化經營**。媒體是多變的產業，科技不斷在變。要預
   測兩年後的媒體生態已很不容易，遑論十年後。趨勢轉
   變時，全方位經營的媒體大亨最有能力從中獲益。你可
   以深耕某一領域，但同時必須保持很廣的事業版圖。
   現今最成功的媒體大亨生意遍及電視、有線與衛星電
   視、電台、電影、網路以及傳統的印刷媒體。

4. **買一支運動隊伍**。我也不知道這為什麼很重要，但幾乎
   所有的媒體大亨都擁有運動隊伍，所以應該很重要吧。

5 | 嫁得好或娶得好

瑪麗蓮夢露在電影《紳士愛美人》（*Gentlemen Prefer Blondes*）中有一句對白：
「你不知道男人有錢跟女人長得美是一樣的嗎？
你不會只因為女人長得美就跟她結婚，
但天哪，如果她剛好很美，那不是很好嗎？」
她說對了嗎？

覺得很荒謬嗎？是的話，這條路並不適合你。這麼說吧：你不會跟一個外表讓你討厭的人結婚，那麼你為什麼要跟一個財務上讓你反感的人結婚呢？如果財富能打動你，不妨以有錢人為目標。如果你不喜歡這個想法，沒問題，把財富留給那些在乎的人好了。

　　跟有錢人結婚現今常備受責難，但這其實一點也不新奇——漂亮的鄉下女孩嫁給誠摯的王子，本來就是文學與神話的古老題材。歐洲社會以往談婚論嫁講求門當戶對，家世相當。因此，跟身家顯然比較豐厚的人結婚能搏得掌聲，反之則會被視為失敗。因為財務與科技因素，以往人們的社交圈子相當有限，擇偶通常就在自己的圈子中進行，要不就是由家族選擇圈外的人。

　　說起來，自由擇偶算是很近代的事，由此也衍生了一條致富之路。對也好、錯也好，跟有錢人結婚給人某種不當的感覺。在《傲慢與偏見》（*Pride and Prejudice*）中，女主角贏得達西先生的愛時，我們歡呼喝采。但放在今天，她可能會被稱為「淘金女」。這對她是不公平的。

　　請注意：不管是男是女，跟有錢人的婚姻都可能很艱難。我家有一個女性友人，繼承了不少遺產，跟一名英俊、精力充沛的年輕男子結婚。一切看來都很美滿——生兒育女、幸福度日。他是為了錢而結婚嗎？難說得很！我們知道的是，他向她借錢創立自己的公司，生意做得還不錯，最後賣掉公司時拿到500萬美元，足夠他在財務上自主了。交易完成的傍晚，在慶祝餐會上，她宣佈跟他離婚，轉投橡皮艇教練的懷抱。好響亮的一記耳光！她喜歡主導一切，他的生意成功惹惱了她。她的回應是離棄他，找一個新玩偶。為了報復她，他也跟自己的橡皮艇教練在一起。真人真事。當金錢超過了愛，跟有錢人結婚是很崎嶇的路。

　　沒錯，跟富人結婚不一定幸福，但一般而言，婚姻不也是如此？現今世界各地的離婚率都很高，但完全沒有證據顯示，跟富人結婚的離婚率高於社會平均離婚率。只要掌握一些訣窮，你可以做很多事提高成功的機率。最基本的忠告：跟有錢人結婚很好，但你必須確保對方會善待你，而你也能善待對方。金錢永遠代替不了愛，但無疑可以錦上添花。

你或許覺得好笑，但這的確是可行的致富之路。《華爾街日報》2007年的一項調查顯示，有三分之二的受訪女性表示，她們「非常」或「極度樂意」為錢結婚。而且不只女性如此，一半的受訪男性也表示願意為錢結婚。有趣的是，二十多歲的女性預期離婚的比率最高（71%），要求的價碼也最高（250萬美元）。[1]

再強調一次，跟有錢人結婚不代表忍受糟糕的婚姻。我的曾祖父菲力浦・費雪（Philip I. Fisher）終身為李維・史特勞斯（Levi Strauss）── Levis 牛仔褲的創始人──以及他的公司工作。祖父亞瑟・費雪醫師（Dr. Arthur L. Fisher，我在上一本書中曾詳述他的事蹟）是一段「求財婚姻」的直接受惠人，而我也因此受惠。十九世紀時，祖父的大姐卡洛琳（Caroline）經我曾祖父的介紹，認識了史特勞斯一位富有的親戚薩林（Henry Sahlein）。對方求婚後，卡洛琳便公開地「為錢」結婚。和絕大多數十九世紀的婚姻一樣，卡洛琳婚後才逐漸愛上她丈夫。他對她非常慷慨，而卡洛琳也因而有財力照顧自己許

---

[1]　Robert Frank, "Marrying for Love ... of Money," *Wall Street Journal* (December 14, 2007), http://online.wsj.com/article/SB119760031991928727.html.

多家人，包括資助她的弟弟（我的祖父）唸醫學院，以及我父親唸大學。如果卡洛琳不是「爲錢」結婚，我肯定自己年輕時家境會艱難得多。我家三代人都受惠於這段婚姻。卡洛琳自1920年代開始，每年爲家人舉辦年度感恩晚餐，這習俗延續至今，現在由她已七、八十歲的孫女主持。我幾乎每年都參加，爲卡洛琳這段「求財婚姻」感恩。現在唯一不同的是，你希望在結婚前先建立起愛的關係，除此之外並沒有什麼不同。

如何跟百萬億萬富翁結婚

首先，怎樣才能找個有錢的情人呢？戀愛、說服對方與說服自己結婚，以及婚前協議這些事可以稍後再去想。第一件事是要找到那些有錢人。他們並非滿街都是——2007年時，年所得超過36.4萬美元的美國人僅佔人口比例的1%。[2]這對你來說可能還不夠有錢。金字塔尖端的千分之一，是年所得超過560萬美元[3]，這才是我們的目標。但全美也只有30萬人這麼有錢，而且許多人已婚（不過這對有志於此的人來說可能不是什麼問題，因爲他們許多人反正很快就會離婚）。

---

[2]　Internal Revenue Service.

[3]　同上。

再講一個故事，強調一下找到合適的有錢情人之重要性。我認識某位男士，創業型的CEO，賣了公司，約有3億美元的流動資產。55歲，單身，自由自在，從未結過婚，沒孩子、沒煩惱。此人物慾不強，穿著樸實，開一輛福斯汽車，並不在乎奢華享受。他本來持有股票與債券，但股價一波動，他就緊張得要命，因此最後全部換成了債券。以前我會在客戶講座上以他為例，解釋為何某些人需要持有股票，某些人則不需要。他的錢多到永遠花不完，不需要股票帶來的較高報酬，而股價的波動會令他感到不安，相反債券則可以讓他很放心。後來我不再講他的例子了，因為每次提到他，總會有一些單身女士留下來（或稍後致電給我），和我要他的聯絡資料。真人真事！這些女士出席講座，隨財富而動，希望有機會接近一些有錢人。她們並非矢志要跟他結婚、追蹤他或做些什麼，只是希望先找到他。那麼，你又如何找到他或她呢？

地點、地點、地點

跟房地產一樣，尋找有錢情人的最重要三個因素是：地點、地點、地點。有一些地方是比較容易碰到有錢人的。如果你有志於此，就要去這些地方。哪些地方？看看富比世400大富豪榜吧。你不需要將目標設得那麼高，但這的確是很好的財富地圖。富比世網站（www.forbes.com）上有一個地圖，顯示最有錢的人住在哪些地方。這地圖基本上也反映了財富較少的有錢人的分佈情況。如果某個州有很多億萬富翁，那麼該州身家500萬、2,000萬以至2億美元的富翁幾乎也肯定不少。他們通常聚在一起，因為其財富來源基本上很類似。

2007年時，加州擁有最多的富比世400富豪，共88位，佔22%。紐約州次之，共73位，其中64位住在紐約市。德克薩斯州與佛羅里達州皆不少，分別有37及25位。這些州都很大，因為擁有很多富豪是合理的。以人口比例計，阿拉斯加是富豪密度最高的州，每22萬人即有一位（當然，整個阿拉斯加也只有66萬人，因此選擇不多）。接下來是哪一州？懷俄明州！每25.5萬人即有一位億萬富翁。阿拉巴馬州很遜，每460萬人才有一位。但這仍優於阿肯色、德拉瓦、夏威夷、愛荷華、肯塔基、緬因州、新墨西哥、北達科他、南卡羅來納以及西維吉尼亞——這些州一個上榜的富豪都沒有。[4]沒有超級富豪通常也意味著普通有錢的人也不多。因此，第一步很簡單，就是離開最窮的州，搬到較富有的州——你的目標在這些地方！

---

[4] US Bureau of the Census at www.census.gov; Matthew Miller, "The Forbes 400," *Forbes* (September 20, 2007), http://www.forbes.com/2007/09/19/richest-americans-forbes-lists-richlist07-cx_mm_0920rich_land.html.

尋找美國好野人的最佳與最差去處

想知道美國最有錢的人都住在哪些地方嗎？

以下列出按人口比例計算，富比世 400 大富豪分布最密集及最稀少的州。

富豪最多的地方

1. 阿拉斯加（每 22.0 萬人就有一位富比世 400 大富豪）
2. 懷俄明州（每 25.5 萬人）
3. 紐約州（每 26.4 萬人）
4. 華盛頓特區（每 27.5 萬人）
5. 加州（每 41.0 萬人）
6. 蒙大拿州（每 46.8 萬人）
7. 內華達州（每 50 萬人）
8. 堪薩斯州（每 54.9 萬人）
9. 康乃迪克州（每 58.5 萬人）
10. 內布拉斯加州（每 58.6 萬人）

富豪最少的地方

1. 阿肯色州
2. 德拉瓦州
3. 夏威夷州
4. 愛荷華州
5. 肯塔基州
6. 緬因州
7. 新墨西哥州
8. 北達科他州
9. 南卡羅來納州
10. 西維吉尼亞州
（上述 10 州完全沒有富比世 400 大富豪）

資料來源：US Bureau of the Census, www.census.gov; Matthew Miller, "The Forbes 400", *Forbes* (September 20, 2007).

注意地方法律

　　因為現在無論何處離婚率都很高，對你來說，在那些夫妻財產共享（community property）的州結婚，要比在行普通法（common law）的州來得安全。多數州──共41個──都是行普通法的，這意味著夫妻兩人的法律與財產權是完全獨立的。這聽起來很崇高，但如果你想嫁得好或娶得好，這就有點不妙了，因為你總有被拋棄的風險！我並非鼓吹你結婚時要打定離婚的算盤，但你應該記住，有錢人的離婚率跟平常人一樣高；對於離婚的風險，你必須有心理準備。

　　在行普通法的州，分財產時通常採用所謂的「資產公平分配原則」。「公平」？聽起來很好，對吧？問題是，何謂「公平」由法官說了算。你分到什麼視法律訴訟的結果。只要看過本書第6章，你就會明白，法律訴訟有時會變成討好法官的競賽。如果法官認為你是壞人（像本章稍後會講到的Heather Mills McCartney），你很可能會分到比較少的財產。而且，如果你為錢結婚，你比較富有的配偶通常有能力取得較佳的法律服務。這當中太多不確定性了。你可以藉簽訂明確的婚前協議化解這種風險，也可以到其他地方找有錢的配偶。

　　例如，亞利桑那、加州、愛達荷、路易斯安那、內華達、新墨西哥、德州、華盛頓以及威斯康辛都是夫妻財產共享的州。在這些地方，夫妻婚後所得和財產通常各擁有一半，即使其中一人賺大錢而另一人毫無收入亦然。負債也是各承擔一半，但如果你找對人，這對你應該不會有什麼影響。（每一州的具體法規各有不同，因此建議你查詢所在地稅務局相關資料：http://www.irs.gov/irm/part25/ch13s01.html。）

　　一般原則（當然有很多例外）是：夫妻財產共享的州對較窮的一方有利，對較富有的一方不利。警告：倘若婚後不久，有錢的一方想從加州遷往喬治亞州，他可能打算離婚。但如果想搬去另一個夫妻財產共享的州，那應該沒問題。38 年來，我一直試圖說服妻子從加州遷往華盛頓州；兩者都是財產共享的州，因此她知道這並非出於離婚規劃。想想這問題吧。

只在「夫妻財產共享」的州結婚

　　美國多數州行普通法，這意味著夫妻兩人權益獨立，所得各歸於己。在夫妻財產共享的州，婚後所得與財產則夫妻各擁有一半。要嫁得好或娶得好，在以下財產共享的州可能是最安全的：

- 亞利桑那州
- 加州
- 愛達荷州
- 路易斯安那州
- 內華達州

- 新墨西哥州
- 德州
- 華盛頓州
- 威斯康辛州

資料來源：Kaye Thomas, "Community Property States", Fairmark.com (May 12, 2002).

跟著錢走

下一步是將自己的工作與社交活動圍繞著有錢人，這樣可大大提高找到富有配偶的機會。如果你從事金融業（52位億萬富翁）或投資業（51位），你碰到有錢配偶的機率要比做汽車業（0位）高很多。服務業（42位）也不錯，可以考慮在管理諮詢業找份工作。前往紐約或好萊塢，你有機會碰上不少媒體鉅子（33位）。如果你熱衷環保，抱歉，這一行並不出產億萬富翁，但石油與天然氣業則有30位。[5] 超級富豪做很多公益，但如果你抨擊他們的財富來源，他們很可能不會喜歡你。因此，綠色和平組織的聚會場所不太可能是結識有錢人的地方。但你可以為自由貿易、抗瘧疾蚊帳、為全球兒童注射疫苗（沒

---

[5] Marlys Harris, "How to Marry a Billionaire," *Money Magazine* (July 3, 2007), http://money.cnn.com/magazines/moneymag/moneymag_archive/2007/07/01/100116670/index.htm.

有什麼爭議性）等事業當志工。

受得了的話，你可以參加共和黨或民主黨的活動，這是認識兩黨金主的好辦法。這兩黨均會持續辦各式各樣的活動，以吸收並維持自身的金主。（兩黨規模與財力相當，但金主所從事的產業有顯著差異，通常還存在某程度的衝突。例如，石油業鉅子更可能是共和黨的捐助人，而第6章所講的原告律師則較可能支持民主黨。）你只要成爲募捐活動的志工，自然就有機會認識金主。

此類活動在大城市或州首府舉辦的效果通常較佳，原因不言自明。社會公益活動也是認識有錢人的好場合，政治味很淡，而且到處都有這種活動。選對社會或政治活動當志工可增加結交富豪的機率，道理跟在加州或內華達這種富有的夫妻財產共享州找到有錢伴侶的機會，遠大於西維吉尼亞或南卡羅來納等窮州一樣。

關鍵眞的就在於地點與時機。**梅琳達‧蓋茲**（Melinda Gates）當年如果不是在華盛頓爲微軟效力，可能永遠不會認識**比爾‧蓋茲**。因爲他一直是工作狂，很難想像他會在工作以外的地方找到伴侶。多數超級富豪也是這樣，對自己的事業極度投入。你必須出現在他們活動的場所。

> **地點是關鍵！尋找另一半要選對地方。**

另一個絕佳場合是投資座談會。請選擇那些以高淨值投資人爲目標的活動，而不是那些以希望致富者爲目標的。主要社區每週幾乎一定會有證券公司舉辦這種活動，試圖向參加者推銷以佣金為收費基礎的投資產品。參與者不乏身家豐厚的人，而且活動通常允許不請自來的人進場——如果你有志於此，這真是好事。我的公司已停辦此類活動多年，但以往我們也做這種行銷，而每次、每次一定會有單身的有錢人參加。紐約是參加這種活動的好地方——很可能是最好的。

1990年代某個晚上，我們在曼哈頓的Plaza Hotel辦這種投資講座。媒體名人雷吉斯‧菲爾賓（Regis Philbin）來參加，許多人看到他一時間都呆住了——他的出席似乎令參與者整體高級了起來。不過他很快就跑掉，免得被人堵住。會後有幾個人留下來，圍著我和另一位同事攀談。其中一位年輕女性髮色與膚色偏黑，外表非常亮麗。因為她的事跡太有趣了，所以同事便邀她出席我們的會後小酌，讓她告訴我們她的故事。

她是一位年輕的牙醫師，希望結婚，但也認同瑪麗蓮夢露的名言——你不會只為了錢結婚，但如果對方有錢，不是很好嗎？她自身條件優越，但目標也很高。

週一至週四每個晚上，鑽完牙補完牙後，她就會選一家有舉辦座談會的飯店。她最喜歡Plaza和Grand Hyatt這兩家飯店，因為幾乎每個晚上都會有好幾場座談會。她會選那些出席者看來最有錢，而且又不會太老的場合。這也是她參加我們公司投資講座的原因。然後她會向會場接待出示自己的牙醫師名片，幾乎每次都能說服對方讓她進場。萬一不行，她會到另一個會議室參加另一場活動。會場內一定有免費的餐飲招待。因此每週有四天她吃的是免費晚餐，真的非常節儉。講座開始前，她會在人群中尋找目標。交談時她非常直接，會問對方在這裡做什麼，告訴對方自己的職業，也問對方做哪一行，而且通常也調調情——只跟她自己選擇的對象。第一次交談時，她一定會問對方是否想要小孩——當場就問，因為對她來說，小孩是關鍵問題，也是判斷對方是否適合結婚的重要標準。

　　碰上喜歡的對象時，她會交換名片，並提供對方一次免費的牙齒檢查——對方會因此記得她。她會在一週內致電喜歡的對象，如果對方不太記得她，就代表自己沒有留下很好的印象，這種情況下她會放棄。但如果對方反應不錯，她會提議週末出來小酌。她說，自己這樣覓侶已超過一年，每個週末都有約會。已有數人向她求婚，但還找不到真正適合的。

　　但她表示，非常有信心能在一年內找到適合的結婚對象。我也相信她一定能做到。瑪麗蓮夢露會以她為榮的。我們之後再也沒有她的消息（公司之後不再辦投資講座了），但我認為她一定會成功的，因為她建立了一個非常有效的方法，非常的突出。每個人都有適合的對象，我肯定某個晚上，某位條件適合的有錢人會碰到她，眼前一亮，一拍即合。走這條路的人，很少有像這位年輕女士這麼專注且有紀律的。但如果你夠自律，你也能像她一樣，而且我也肯定你會成功。

像醇酒一樣，保持得很好

　　你很可能必須跟老一點的人結婚。非常年輕的富豪並不多，而且許多已婚。不過，**丹尼爾‧齊夫**（Daniel Ziff）才36歲，而且尚未訂婚；他繼承了出版商父親**小威廉‧齊夫**（William Ziff, Jr.）35億美元的財產。[6]唐納‧川普（Donald Trump）的千金伊凡卡（Ivanka）年僅27，未來很可能會繼承她父親30億美元財產的大部分。[7]當然，還有**馬克‧祖克柏**（Mark Zuckerberg），Facebook的CEO，才24歲，單身，財富淨值可能高達10億美元。[8]但多數有錢人都比較老。這現象不僅是老夫少妻，上了年紀的有錢女人也喜歡年輕男性。舉兩個例子：**黛咪‧摩爾**（Demi Moore）與**蘇珊‧莎蘭登**（Susan Sarandon）都跟比較年輕的男人結婚。你可以視人為好酒，越老越醇，上年紀後才是最好的時光。如果你覺得這樣不夠浪漫，那可得記住：走這條路，愛是關鍵因素，但浪漫則可有可無。

---

[6] Matthew Miller, "The Forbes 400," *Forbes* (September 20, 2007), http://www.forbes.com/2007/09/19/richest-americans-forbes-lists-richlist07-cx_mm_0920rich_land.html.

[7] 同上。

[8] Fred Vogelstein, "How Mark Zuckerberg Turned Facebook Into the Web's Hottest Platform," *Wired* (September 6, 2007, http://www.wired.com/techbiz/startups/news/2007/09/ff_facebook.

　　雖然浪漫比較次要，好酒也必須小心保持才會有好品質。此外，好酒得有好包裝，婚姻亦如是：簽一份對自己有利的婚前協議很重要，在夫妻財產非共有的州尤其如此。未來萬一婚姻破碎，婚前協議能讓你得到一些保障。

　　即使在夫妻財產共享的州，婚前協議仍很重要，因為婚前取得的財產如何分配，可能會成為問題。你得簽一個協議，講好誰能得到什麼、何時以及如何取得。現今的年輕人不太喜歡婚前協議，覺得這太正經八百，太不浪漫了。但如果你結婚是求財，就不能不簽婚前協議。如果覺得這麼做有點噁心，不妨這麼想：其實做很多事都要簽合約，你不會不簽協議就收養小孩、買房子、買車、加入一家公司或聘用資產管理人，甚至連加入健身房都要簽合約。那麼，又為何婚姻不需要呢？婚姻很可能是最嚴肅認真的夥伴關係，婚前協議因此更加重要。

　　醇酒有時也會變酸！你控制不了婚姻中的另一半，因此難免可能會離婚。這不是目標，但是婚姻揮之不去的風險。果真如此該怎麼辦呢？你應該得到多少補償？換個方式講：你的生活值多少？婚姻生活的每一年你應得到多少報酬？你的時間與感情都很珍貴，你必須自己加以估價。如果你不做這件事，沒人會幫你的。

> 盤算一下，了解自己的身價，事前就提出要求。

讓我們看一下**羅恩‧佩雷曼**（Ron Perelman）的例子。他是私募基金業者（第7章），身家約有10億美元，[9]而且單身！諷刺的是，有些人說，他和第一任妻子**費絲‧高汀**（Faith Golding）結婚是為了錢。他們1965年結婚（沒簽婚前協議）[10]，不久羅恩即向費絲借錢創業。但羅恩的生意極度成功，婚後20年離異時，費絲拿到800萬美元[11]——婚姻生活每一年的補償不到50萬。對佩雷曼這樣的富翁來說，這真是少了些。

第二任妻子**柯迪婭‧科恩**（Claudia Cohen）是名流八卦專欄作者暨電視名嘴，分到的錢多很多。九年婚姻結束時，科恩拿到8,000萬美元，也就是一年890萬！[12]她為佩雷曼生了一個女兒。第三任妻子**帕翠西亞‧朵芙**（Patricia Duff）從事政治募款（相信了吧，這真是認識富豪的好途徑），有時也上電視節目。如果你對名人離婚八卦很有興趣，請Google一下他們的離婚事件。朵芙為佩雷曼生了一個孩子，18個月的婚姻結束時，拿到3,000萬美元。[13]換句話說，跟這位無法從一而終的男人生活，上Le Cirque餐廳吵吵嘴，一年可得2,000萬美元！

---

[9] 見註6。

[10] Geoffrey Gray, "Tough Love," *New York Magazine* (March 19, 2006), http://nymag.com/relationships/features/16463/.

[11] Geoffrey Gray, "The Ex-Wives Club," *New York Magazine* (March 19, 2006), http://nymag.com/relationships/features/16469/.

[12] 見註10。

[13] 見註11。

　　最後是影星**艾倫·芭金**（Ellen Barkin）。我覺得她在1991年的《變男變女變變變》（*Switch*）和1992年的《情逢敵手》（*Man Trouble*）中真是迷人。後來她的演藝事業走下坡，但藉由名氣嫁入豪門，賺了一大筆。（有關如何藉名氣發財以及演藝生涯之艱辛，請看本書第4章。）芭金2000年跟佩雷曼結婚，2006年離異。至於她拿到多少錢，各方說法不一：她的朋友說是2,000萬美元，佩雷曼一方則說有6,000萬。假設是4,000萬，也就是說，服侍露華濃（Revlon）的老闆一年可得666萬美元。寫這本書時我看了她對這段婚姻的說法，覺得她開始時是相信可以白頭偕老的，因此婚姻破裂時她感到很震撼。再說一次好了，離婚從來不是目標，但永遠都是風險。不過如第4章所述，每年能賺600萬美元的女演員其實很少。而且，我相信，到了芭金的年紀（54歲），沒有女演員再有這樣的身價。

　　但一年666萬美元和一年2,000萬還是差很多。芭金出了什麼錯？佩雷曼的所有其他前妻都至少跟他生了一個孩子，芭金則沒有，或許差別就在這裡。此外，芭金簽有婚前協議，可惜價碼喊得不夠高。看到佩雷曼的婚姻史，她應該知道這男人很可能無法維持婚姻，因此應該趁早要求在離異時獲得大筆補償。畢竟，如果婚姻一直持續下去，簽訂這樣的婚前條款對男方並無絲毫損失。我想講的是：婚前一定要喊很高的價。怎樣才算「很高」？就佩雷曼的情況而言，你知道他的事跡後，可以要求「至少和你拿到最高補償的前妻一樣──同時按通膨調整」。

如果你一開始不把這件事辦好，最終將付出代價。佩雷曼的離婚經驗比你豐富，律師也比你強。這就說到了另一個重點：請一名幹練的律師真的非常重要。舉一個例子，**海瑟‧米爾斯‧麥卡尼**（Heather Mills McCartney）跟**保羅‧麥卡尼**（Paul McCartney）離婚時，拿到的錢比佩雷曼拿到最多分手費的前妻柯迪婭‧科恩還要多，兩人都生了一個孩子。問題是佩雷曼要比保羅‧麥卡尼有錢多了，而且海瑟‧米爾斯在法官面前的表現要比科恩差很多。連法官都表示海瑟令人非常反感！[14]要知道法官通常很少講話，遑論發火。

你得簽一份對自己有利的婚前協議，因為有錢人跟普通人一樣，婚姻觸礁的例子比比皆是。再講幾個例子好了。流行樂壇長青樹**尼爾‧戴門**（Neil Diamond）和**瑪西亞‧墨菲**（Marcia Murphey）25年的婚姻結束時，後者拿到了1.5億美元。[15]**黛安‧李奇**（Diane Richie）和歌星**萊諾‧李奇**（Lionel Richie）結婚八年後離異時，則拿到2,000萬美元。**溫蒂‧麥考**

---

[14] Catherine Mayer, "The Judge's Take on Heather Mills," *Time* (March 18, 2008), http://www.time.com/time/arts/article/0,8599,1723254,00.html.

[15] Forbes staff, "The 10 Most Expensive Celebrity Divorces," *Forbes* (April 12, 2007), http://www.forbes.com/2007/04/12/most-expensive-divorces-biz-cz_lg_0412celebdivorce.html.

（Wendy McCaw）和電訊業大亨、富比世400大富豪**克雷格．
麥考**（Craig McCaw）分手時，拿到4.6億美元——20年的婚
姻每年值2,300萬！麥考夫婦處理得很好，離婚後仍保持友好
關係。[16]因此，如果你有志於此，要好好把握，簽一份對自己
有利的婚前協議，萬一分手的話也維持良好關係。

安娜．妮可．史密斯（Anna Nicole Smith）可能是最著名
的反面例子。我不想細述她的事（你想知道的都可以在網路上
找到），但史密斯女士的教訓很清楚，就是別把事情搞砸了：

1. 請一個幹練的律師，婚前就把財務方面的協議白紙黑字定
   下來。
2. 不要做蠢事，覺得蠢的事就不要做。
3. 如果你跟一個能幹的律師結婚，你很難爭贏什麼，對方比
   你行多了。
4. 控制好自己。倘若你不懂節制，基本的生活都亂糟糟，走
   任何一條致富之路都不會成功的。

男子漢也辦得到！

講到「為錢結婚」，一般人會想到年輕女性嫁給年紀較大

---

[16] Davide Dukcevich, "Divorce And Dollars," *Forbes* (September 27, 2002), http://www.forbes.com/2002/09/27/0927divorce.html.

的男性。但這並非女性專利！有很多男性跟事業成功、身家豐厚的女士結婚——年紀大一點或小一點的都有。沒錯，這種例子的確沒有那麼常見，因為多數財富還是掌握在男性手上。這麼說並非性別歧視，看一下富比世400大富豪榜即可發現，無論是出於什麼原因，上榜者多是男士。但這並不意味著男性不能靠結婚致富。

譬如，如果說**約翰・馬侃**（John McCain）成就非凡，足堪擔當總統大任，那我覺得他最大的成就就是娶到一個好老婆。他太太辛蒂（Cindy）是那麼的漂亮、長青、優雅，而且超級有錢！（你可能也聽過這笑話：辛蒂嫁給馬侃時，還自己供應啤酒！）參議員**約翰・凱瑞**（財富淨值3.14億美元[17]）也是，婚姻為他帶來大筆財富，而且兩次都是！凱瑞首任妻子**朱麗亞・索恩**（Julia Thorne）系出美國名門，非常富有。但她受不了政治生活（誰能怪她呢？），罹患了憂鬱症。[18]凱瑞離婚後和**德蕾莎・亨氏**（Teresa Heinz）結婚。有趣的是，德蕾莎當年也是靠婚姻致富的！她擔任聯合國翻譯時認識了共和黨參議員亨氏——蕃茄醬家族的那個亨氏——隨後結為夫妻。亨氏1991

---

[17] OpenSecrets, "John Kerry (D-MA) Personal Financial Disclosures Summary: 2007," http://www.opensecrets.org/pfds/CIDsummary.php?CID=N00000245&year=2007.

[18] Mark Feeney, "Julia Thorne, at 61; author, activist was ex-wife of Senator Kerry," *Boston Globe* (April 18, 2006), http://www.boston.com/news/globe/obituaries/articles/2006/04/28/julia_thorne_at_61_author_activist_was_ex_wife_of_senator_kerry/.

年飛機失事身亡，她分到約10億美元，或許更多。[19]1995年時，她已轉換政黨並再婚了。凱瑞證明，你可以藉婚姻取得別人藉婚姻取得的財富。我認為凱瑞是藉名氣透過結婚取得財富的人，和艾倫‧芭金類似。

珍芳達（Jane Fonda）曾和從政的**湯姆‧海頓**（Tom Hayden）結婚，分手時海頓拿到200萬至1,000萬美元——看你相信哪一個消息來源。對一個三線政客來說，這也算不錯了。珍芳達用盡她日漸黯淡的名聲，嫁給一位富豪（和艾倫‧芭金一樣！），對方就是名列富比世400大富豪榜的**泰德‧特納**（Ted Turner）。她應該知道這段婚姻難以長久。她曾表示，自己從未跟任何男性有過好的關係。我猜那些跟富豪結婚的人，有一半預期婚姻不會持久——可能是因為離婚本來就很普遍，也可能是因為個人的生活經驗所致。

> 和有錢人結婚的致富之道，男女都適用。

幸福婚姻

但此類婚姻成功的例子也不少。馬侃和凱瑞的婚姻看來都維持得不錯。克里斯多夫‧麥康（Christopher McKown）是一家小型醫療諮詢公司的總裁，和**阿比蓋爾‧強森**（Abigail

---

[19] Ralph Vartabedian, "Kerry's spouse worth \$1 billion," *San Francisco Chronicle* (June 27, 2004), http://www.sfgate.com/cgi-bin/article.cgi?file=/c/a/2004/06/27/MNG4T7CTRN1.DTL.

Johnson）結婚已經20年。阿比蓋爾來自創辦富達（Fidelity）金融集團的強森家族，現執掌公司部分業務，個人財富淨值高達150億美元。[20]eBay前執行長梅格·惠特曼（Meg Whitman）擁有14億美元的財產，[21]和她的腦外科醫師丈夫也還在一起——已經28年了。[22]腦外科醫師的收入很好，但比不上跟eBay的前CEO結婚。

　　腦外科醫師似乎特別擅於締結好姻緣。不信可問葛倫·尼爾森（Glen Nelson）醫師。他有幸與卡森（Carlson）公司現任CEO**瑪麗蓮·卡森·尼爾森**（Marilyn Carlson Nelson）結為夫妻，後者財富達22億美元。[23]他跟她結婚光是為了錢嗎？我覺得可能性極低——他們在一起已數十年了，育有四名子女，其中一個女兒因意外不幸喪生。此外，瑪麗蓮一度離開家族生意，回家撫養小孩，並支持她丈夫的醫療事業。家裡有錢無疑很好，但能當CEO賺錢則更好——瑪麗蓮後來回到卡森公司，接替創辦公司的父親出任CEO。尼爾森醫師不是唯一懂得娶卡森家富女的聰明人，愛德溫·蓋吉（Edwin "Skip" Gage）就娶了瑪麗蓮同樣富有的姐妹**芭芭拉·卡森·蓋吉**（Barbara

---

[20] 見註6。

[21] 同上。

[22] Erika Brown, "What Would Meg Do," *Forbes* (May 21, 2007), http://www.forbes.com/forbes/2007/0521/094.html.

[23] 見註6。

Carlson Gage）。此段婚姻同樣長青，不管怎麼看都是幸福的姻緣。

史帝曼‧葛拉翰（Stedman Graham）的情況饒富興味。他是歐普拉的長期伴侶，一度訂婚，但一直沒有結婚。他創辦了 S. Graham & Associates，自任 CEO；這是一家顧問公司，主要業務看來是推銷葛拉翰的著作與演講。[24] 他相當幹練，在社區非常活躍，但如果不是因為歐普拉的關係，可能不會這麼成功。但為什麼他不跟她結婚呢？歐普拉財產高達25億美元[25]，但因為已決定不留遺產給葛拉翰[26]，他是無法拿到分文的。但他們兩人一直在一起，而且看來很幸福；雖然女方有錢得要命，但他看來也不在乎要為自己「鎖定」她的部分財富。不過，他已受惠於她的財富與人脈關係。注意，嫁得好或娶得好並不等於人們所嘲諷的，找個白癡結婚敲一筆。我希望這代表找一位你可以愛和尊敬的人。當然，天啊，如果他剛好也很有錢，那不是更好嗎？

---

[24] 見 S. Graham & Associates 網頁 http://www.stedmangraham.com/about.html.

[25] 見註6。

[26] MSNBC staff, "Oprah Leaves Boyfriend Stedman Out of Her Will," *MSNBC* (January 9, 2008), http://www.msnbc.msn.com/id/22578526/.

他說她死了

警告：走此路的並非都是善男信女，要提防意圖不軌的人。

另一個真人真事：瑪格麗特·麗修（Margaret Lesher）嫁得好，第一任丈夫死後留給她一些出版事業——其家族擁有《康郡時報》（Contra Costa Times）以及舊金山地區的一些刊物。當65歲的寡婦和一名40歲的職業牛仔再婚時，眾人為之側目。不久之後，兩人自行前往亞利桑納州某個湖邊露營。接下來發生的事，就是「他說她死了」的典型情節。她於早晨浮屍在八呎深的水面上。他聲稱，他們一共喝了兩瓶香檳和一些啤酒，她一定是半夜跑去游泳，然後溺斃。但是否也有可能是他將她灌醉，划小船到湖中然後推她下水？她的親戚認為是他將她溺斃，但無法找到證據。兩人並無婚前協議，但她的遺囑指明他可得500萬美元。[27]有些人可能只想要你的錢，而不是你。

愛、婚姻與金錢

情人眼裡出西施，青菜豆腐各有所好。等你到我這年紀時，你閱歷已豐，見識過許多夫婦，你完全看不出他們怎麼看

---

[27] Charles Kelly, "Drowning of Heiress Left Many Questions, Rumors," *The Arizona Republic* (May 23, 2002), http://www.azcentral.com/news/famous/articles/0523Unsolved-Buffalo23.html.

另一半。但這不代表這些夫妻之間的愛已不熱烈或不持久。你的伴侶有何迷人之處，不用我來告訴你。但不管對方讓你著迷的是什麼，沒有理由他不能是個有錢人。的確有些人對財富反感，如果你是這樣，那你根本就不應該看這本書。

許多人太容易在衝動之下結婚，一旦愛上了而且戀情持續幾個月，他們就開始想到「結婚」，好像終身伴侶非對方莫屬似的。錯！俗話說：「每個人都能找到合適的另一半。」但其實，如果你夠努力的話，你能找到不少可以終身相愛的伴侶。關鍵在於要努力去找，然後選一個最適合自己、條件最好的。條件之一，可以是財富。

現今社會有錢人很多，如果你鎖定富人為目標對象，也大可找到兩情相悅的人，可能性不低於在本地某家書店邂逅心上人。最重要的一步可能是先說服自己，以有錢人為目標是沒問題的。事實上，這真的沒什麼不對。

想通後，你就要到有錢人聚集的地方，鎖定目標，設定計劃，然後像本章所述的女牙醫師一樣努力依計劃而行。只要你做得對，在富人當中找到有情人，沒有理由會比在窮人中找到有情人更耗費時間。關鍵在於心態，而如果你的目標是結婚致富，就必須維持這樣的積極心態。

參考書單

和其他致富之路一樣，嫁得好或娶得好也有一些有用的參考書。許多以「跟有錢人結婚」為題材的書是諷刺作品，肆意抨擊此類婚姻的男女雙方，看了只會幫倒忙，大可不理。對你特別有幫助的書包括以下幾本：

- 《嫁個有錢人》（*How to Marry the Rich*），吉妮．沙力斯（Ginie Sayles）著。即使你不打算跟有錢人結婚，這本書也是約會與婚姻的上選指南。不想一直單身下去的人應該看看。

- 《*How to Marry Money*》，Kevin Doyle 著。告訴你許多要訣，有時像是在挖苦人，但其實不是。作者以 Ruth Leslee Greene 為筆名，就同一題材寫諷刺性作品。

- 《*How to Marry Money*》，同名，但這一本的作者是 Susan Wright。這本書一直賣不好，但是此類題材的認真之作，有許多可參考的內容。

結個好姻緣的指南

　　珍奧斯汀（Jane Austen）道出了一個舉世公認的事實：身家豐厚的單身男子一定需要一個妻子。千真萬確！在現在自由選擇配偶的年代，選擇一個好伴侶真的能讓你致富，而且此路並非女性的專利。不屑的人盡管嘲笑吧，但嫁對人或娶對人真的可以發大財。那麼，艾倫・芭金下一次該怎麼做，才能有更好的收成呢？

1. **選對地點，選對時機**。要找出有錢人聚集之地，然後到這些地方去。另外要注意本地法規，選擇夫妻財產共享的州比較有保障——婚姻破裂時可以分得更多財產。

2. **到有錢人出沒的場所**。多數富豪是工作狂，你可以到他們的工作場所去。「近水樓台」是很重要的。公益或政治募款活動是認識超級富豪的好途徑，但要選擇正確的活動主題。為拯救 piping plover 這種小鳥募款很可能只會浪費你的時間。投資講座是認識目標對象的好地方（而且還有免費的餐飲招待）。

3. **年紀問題**。現實是，絕大多數有錢人都上了年紀。你可能會碰上繼承大筆遺產的年輕人，但他或她身邊很可能已滿是追求者。接受年紀較大的對象可以提高你的機會。

4. **簽訂婚前協議**。好好想想自己的身價，婚前就要提出要求。做不到這一點的話，未來你可能什麼都拿不到——

特別是在行普通法的州。此外，務必請一名幹練的離婚律師。你的律師越能幹，你能分到的財產越多。

5. **不要做蠢事**。法官以至全世界都在看，特別是如果你跟超級富豪結婚的話。以海瑟‧米爾斯和安娜‧妮可‧史密斯為鑑，過好自己的生活。這樣可能有助你早點取得更多財富。

6 合法劫掠

曾經夢想能拿了錢就走？
希望別人視你為英雄？
希望別人怕你嗎？
這就是你該走的路。

文學作品與民間傳說中常有劫富濟貧的綠林英雄，像是羅賓漢（Robin Hood）與傑西詹姆士（Jesse James）。儘管許多事跡是虛構的，但這總讓人覺得無比浪漫。慢著，其實你可以當個合法劫掠的英雄，做一名成功的原告律師（plaintiff's lawyer）就可以了，這就是現代的羅賓漢。

在好萊塢的吹捧下，原告律師成了許多人的偶像。他們擺出為弱勢者打抱不平的姿態，一副力抗腐敗大企業、拯救小人物的模樣，在媒體矚目、民眾關切的大案中贏得鉅額的賠償或和解金。但事實上，絕大多數原告律師只是合法的劫掠者。如果其他律師或學法律的人覺得這句話講得太過份，我願意道歉。但事實如此。

其他律師的收入還過得去。他們時薪尚可，但即使時薪非常好，多數律師的工作仍相當辛苦，而且內容十分沉悶，像是遺產規劃、契約或交易法、監管以至勞工事務。辛勞工作一輩子，節儉一些，加上合理的投資報酬（第10章），他們可以攢得200萬至3,000萬美元。但代價呢？家庭生活品質很可能會受損，因爲絕大多數律師按工作時數收費，因此許多律師不停地工作。律師這一行眞正賺錢的是合法地敲詐勒索，也就是多數原告律師的所爲。

正義鬥士，抑或盜賊？

原告律師到底是正義鬥士還是盜賊？古有十字軍東征，這些昔日的鬥士離開舒適的歐洲城堡，遠征他們眼中邪惡的異教徒，目標是重奪聖地。那麼原告律師是將爲非作歹之徒繩之以法，協助貧弱小人物對抗卑鄙權勢者的正義之士嗎？不，他們只是求財的盜賊。只要求償所願，他們極少上法庭。

他們的眞正目的是提出訴訟，然後庭外和解，也即是收錢走人，基本上就像敲詐勒索的惡棍——本小利大的營生。如果你有一點這種陰暗傾向，而且喜歡扮演這類角色，這是適合你的致富之路。你不必將自己想成壞蛋。原告律師永遠、永遠自居爲正義鬥士，並且以此爲榮。只要走上這條路，你也會這樣。

原告律師如果眞的是正義鬥士，就不會勒索被告，不會爲收錢了事而提起訴訟。眞正的正義之士會將官司一路打到底，目的是實踐公義。但現實中，原告律師幾乎都以收錢和解爲目的，因此常敲詐他們的目標，這顯示他們自我感覺良好的正義鬥士形象是多麼的虛假。他們其實是賊，而且賊性深入骨髓！

好處是，社會中有做賊傾向的人可以走這條路，合法劫掠，暴得鉅富，同時自我感覺非常良好。你也可以這麼做。當個英雄吧！沒有其他致富之路同時包含所有這些因素。其他道路都是你情我願的交易，但這一條並不是。

去嚇唬人吧！

如果你小時候曾夢想當一名海盜，但覺得這太危險了（又或者你暈船），那麼當一名原告律師眞是再好不過了，能享受當海盜的好處，又不必冒海上討生活的危險。你可以把別人嚇個半死；你可以迫使人家付錢給你，就像黑道收保護費那樣；你可以神氣活現地吹牛、敲詐。社會上多的是視你爲弱勢救星的人。而且你會覺得自己敲詐的對象簡直活該。但前提是，你要做得正確，一如我稍後所講的那樣。而這實在刺激又好玩——基本上就是裝模作樣地去嚇唬人！史上最著名的原告律師之一——比爾·萊拉奇（Bill Lerach，目前坐牢中，詳情稍後再說）曾公開吹噓，在恐嚇大企業的CEO之餘，他主要的消遣是享受威士忌。[1]他以此為榮，就像個在碼頭酒吧暢飲的海盜。啊，爽！

英雄莫問出處，海盜不講家世。原告律師不必上名校，他們的成就跟學位無關，關鍵在於他們所做的事（合法劫掠）。頂尖的原告律師通常上平庸的大學，唸馬馬虎虎的法學院。事實上，你根本不必唸什麼名校。在加州、緬因州、紐約、佛蒙特、維吉尼亞、華盛頓特區以及華盛頓州，你甚至不必上法學院就可以參加律師資格考試。[2]敲詐勒索、劫掠財物並不需要法律學位。講得太刻薄嗎？那你說說看，提起集體訴訟，然後一心只想收錢了事，這不是敲詐是什麼？

劫掠者之路

唸法律是當今的熱門選擇，但許多法學院畢業生並不當律師！為什麼？還不是因為多數法律工作工時超長又超累，一般人才不想幹呢。畢業生會問：「我真的想做這樣的工作嗎？」

---

[1] Peter Elkind, "Mortal Blow to a Once-Mighty Firm," *Fortune* (March 25, 2008), http://money.cnn.com/2008/03/24/news/companies/reeling_milberg.fortune/.

[2] Jeffrey MacDonald, "The Self-Made Lawyer," *Christian Science Monitor* (June 3, 2003), http://www.csmonitor.com/2003/0603/p13s01-lecs.html.

是的，儘管許多人唸完法律不當律師，美國的律師數目仍暴增。1972年，每572名美國人就有一名律師。2000年時，每264人就有一位律師。[3]我們真的需要那麼多律師嗎？不曉得。但現在律師這一行競爭真的非常劇烈。我不想告訴你如何成為一名正常的律師，有關如何挑選法學院、申請入學、通過州律師資格考試，以至如何申請第一份工作，市面上已經有很多書。這一章要講的，不是如何當一名正常律師。這一條致富之路是關於當一名原告律師的。但先了解當正常律師為何難以成為鉅富，對明白原告律師為何那麼賺錢會有幫助。

假設你畢業後加入一家大型律師事務所。通常它會分為幾大塊業務，如訴訟、遺產規劃、證券法以及一般商業法。各事務所各有專長，最大的幾家業者會涵蓋所有業務。每一業務區塊由一至數名合夥人主管，事務所基本上由合夥人共同管理。剛加入事務所的畢業生，職稱通常是「專員」（associate）。如果你表現真的非常出色，七至九年內可以升任合夥人，否則你通常會離職。

美國薪資最高的20家律師事務所，2006年專員的年薪平均為二十多萬美元。[4]這是指第三至第五年的專員薪資。覺得很好賺嗎？記住，首先你得花一大筆錢上法學院，而畢業時很可

---

[3] American Bar Association.

[4] "The Highest Pay per Hour for Associates," *AveryIndex* (2007), http://www.averyindex.com/2007_highest_paid_1.php.

能背著沉重的學生貸款。你會有好一段時間入不敷出，然後得熬過累垮人的前幾年工作——每週工時是惡名昭彰的80個小時。只有這樣你才能賺到20萬美元的年薪——假設你的所得屬於頂尖事務所中的平均水準。萬一你只能加入二線事務所，而且薪資低於平均呢？這真的是很艱苦的工作，競爭激烈，同業都很拚。

更糟的是，頂尖事務所都在生活成本最高的大城市。而且，頂尖律師都不太節儉——但你可得省省錢並明智投資，否則當一個正常律師難以存到足夠投資的錢。想想這數字：全美律師的年薪中值是102,470美元（2006年5月的數據）。[5] 低於你的預期。沒錯，這當中包括政府律師、公益以及支持社會福利工作的律師（他們有不少是真正的正義鬥士）、找不到客戶的自僱律師，以及小鎮中寒酸事務所的第一年法務專員。許多律師的收入並不是很高，而即使是所得較高的那一批，也是按工作時數收費的。這稱不上貧窮，但賺這樣的薪水，你必須懂得存錢並明智投資，才能攢下200萬至3,000萬美元的退休金。這是辦得到的，但並不比所得尚可的一般人（見第10章）優越。

> 正常律師收入不錯，但未必是致富之路。

---

[5] U.S. Department of Labor, Bureau of Labor Statistics, "Occupational Outlook Handbook," (December 18, 2007), http://www.bls.gov/OCO/ocos053.htm.

　　收入較高的律師是事務所合夥人，但這是很困難的！成為合夥人平均需要七至九年，而辦得到的人少之又少。許多事務所有所謂「非升即走」的傳統——如果你第九年時還不能升任合夥人，他們可能會將你踢走。現實中，77%的法律專員過不了第五年！[6]頂尖事務所的升遷機率更小，不過一旦成功，收入相當好。頂尖合夥人每小時服務可收費500美元以上。紐約有三家事務所的頂尖合夥人每小時收費超過1,000美元，每年調漲6-7%。[7]

　　講了這麼多，只是想讓你知道，多數律師必須跟一般人一樣，存錢並明智投資，而且也成不了超級富豪。但在法律界，有個明顯不同的領域，可以讓你超級富有。

最賺錢的法律工作

　　最賺錢的法律工作莫過於原告律師，他們只處理民事案件或所謂的「侵權」（tort）官司。這一行規模非常大：2007年侵權成本（tort costs）總額高達2,470億美元，相當於美國當年

---

[6]　Saira Rao, "Lawyers, Fun & Money," *New York Post* (December 31, 2006), http://www.nypost.com/seven/12312006/business/lawyers__fun__money_business_saira_rao.htm?page=1.

[7]　Nathan Koppel, "Lawyers Gear Up Grand New Fees: Hourly Rates Increasingly Hit $1,000, Breaching a Level Once Seen as Taboo," Wall Street Journal (August 22, 2007), http://online.wsj.com/article/SB118775188828405048.html.

GDP的2%！[8]（該比率是其他已開發國家的兩倍。[9]美國眞是原告律師的天堂！）這當中只有22%實際用於賠償受害人。原告律師拿到的份比他們的客戶多50%，共佔這2,470億美元的33%！[10]你也可以分一杯羹。

一般律師按工作時數收費。舉一個例子：假設你踩到鄰居種的牽牛花，她提起告訴。你的辯論律師按工作時數收取服務費。你鄰居的原告律師則依法官宣判的賠償分得某個比例，一般是20-40%，外加費用報銷。假設對方說服法官那牽牛花極爲珍貴，受害人的損失極度慘重，應獲1,000萬美元的賠償，那麼原告律師可能分到350萬，外加費用報銷。只要掌握這一行的要訣，法律界沒人能比原告律師賺更多錢——一個都沒有。（可能的例外是當一家新興企業的法務主管，分到股票選擇權，隨後公司市值暴漲。）

一個好例子：喬賈美（Joe Jamail，財富淨值15億美元[11]）是原告律師界的傳奇人物，有「侵權訴訟之王」的美譽。他

---

[8] Towers Perrin, "Study Highlights First Decrease in U.S. Tort Costs Since 1997," (December, 2007), http://www.towersperrin.com/tp/showdctmdoc.jsp?url=Tillinghast/United_States/News/Spotlights/2007/2007_12_20_spotlight_tort_costs.htm.

[9] Michael A. Walters and Russel L. Sutter, "A Fresh Look at the Tort System," *Emphasis* (January, 2003).

[10] 同上。

[11] Matthew Miller, "The Forbes 400," *Forbes* (September 20, 2007), http://www.forbes.com/2007/09/19/richest-americans-forbes-lists-richlist07-cx_mm_0920rich_land.html.

贏過很多大案，其中一次賠償金額高達33億美元——他打這場官司拿到約4億美元。[12]哪一樁官司？誰在乎！4億耶！（好啦，他代表石油公司Pennzoil控告同業Texaco，指對方破壞Pennzoil在1980年代與Getty Oil的合併計劃。）

喬賈美另一傑作是為一名因駕車與卡車相撞而癱瘓的客戶打贏官司，獲賠600萬美元。覺得很容易嗎？或許是吧，但喬賈美在法庭上承認（且記錄在案），他代表的原告撞車時正酒醉駕駛，血液中的酒精濃度超過法定標準整整兩倍。但喬賈美說服陪審團，雖然酒駕，原告當時駕駛得非常規矩，因此並無過錯。[13]要做到這一點可得有些真本事。啊，真爽！

> 合法劫掠的最佳途徑莫過於當一名原告律師。

侵權訴訟要訣

那麼，當原告律師該怎麼做才能合法地大肆劫掠，令某些傢伙膽戰心驚，讓其他人視你為羅賓漢，還要讓媒體捧你為英雄？首先，你需要能博取人們同情的客戶，譬如小孩子，特別是生病的小孩。（如果找不到真的生病的小孩，那些「可能」受某些「可能」危險物質影響的小孩也可以。關鍵在於「可

---

[12] Steve Quinn, "High Profile: Joe Jamail," *Dallas Morning News* (November 30, 2003), http://www.joejamail.net/HighProfile.htm.
[13] 同上。

能」！）罹患絕症者也是原告中的極品，如果疾病跟工作相關或是某家大企業「製造」出來的，那就再好也不過了。你的客戶不必真的有病。例如，某先生可能因受化學物質X影響而死亡，你就可以藉此組織一場大規模的集體訴訟。雖然那位先生死時已經89歲，但X可能令他過早死亡！藉由此例，你可以代表一大批「可能」受X影響的人提起訴訟。然後你就可以敲詐X的製造商：我的客戶可能因為你的產品而早死耶！

　　你能敲詐被告，是因為官司曝光後，廠商所受的指控會嚇到一些股東與顧客，令他們轉投競爭者的懷抱。為及早止住相關損失，廠商會要求和解，付錢了事。廠商會估算你這場官司可能造成其生意的損失，以及為自己辯護需要耗費的成本，然後以某個較低的金額和解。即使是一場小型集體訴訟，至少也要花200萬美元的辯護費，而且至少拖個兩年，期間還有其他代價！因此，算一算總帳，廠商通常願意付一個較總代價為低的金額，只求你不再找他們麻煩。

　　至於訴訟題材，那最好是混淆不清、晦澀難明，以意想不到的方式應用一些幾乎已成為歷史陳跡的法規。灰色地帶對你非常有利。複雜的化學物質、原因不明的罕見疾病，以及陪審員難以掌握的複雜、艱澀的技術詞彙，都是可以有效操作的好題材。訴訟內容越是複雜難解，官司結果就越取決於誰能搏得陪審團的好感。總之，混水摸魚，機會無限。職業相關的訴訟是好官司，因為大企業幾乎都形象不佳，美國的就業法規又有許多灰色地帶，且各州不同。而勞工又是非常美式的原告，非常能搏得同情啊！

利用小孩，好玩又好賺！

利用生病的小孩打官司，已被證實爲可行的策略，**茱莉亞羅勃茲**（Julia Roberts）的奧斯卡得獎作品《永不妥協》（*Erin Brockovich*）令人們對此非常難忘。看過這部片的人都知道，女主角布洛科維奇女士是一名勇氣可嘉的年輕媽媽，日子過得十分艱困，在一家微不足道的的律師事務所工作，但她並不是一名律師。她偶然發現加州 Hinkley 小鎮的居民異常罹患某種疾病，因此展開調查。就是這樣！沒有法律背景，未受過調查訓練，但她有膽識、有決心，以及……嗯……如果你看過那電影，你知道的嘛。

她說服老闆接下此案。你看，邪惡的太平洋電力瓦斯（PG&E）故意在 Hinkley 鎮的飲用水中排放六價鉻（hexavalent chromium，複雜、艱澀的化學物質），當地一些小孩罹患癌症。（生病的小孩！）太平洋電力瓦斯爲什麼要這麼做？（在電影中，企業總是邪惡的。）在這部片中，是因爲該公司知道 Hinkley 鎮居民貧窮軟弱，無力反擊。（弱勢的原告，又是一個關鍵因素。）在正義勇士布洛科維奇女士和她老闆的幫助下，這些小鎮居民打贏官司，獲得鉅額賠償。布洛科維奇女士因此獲得大幅加薪，一輛新車，以及穿不完的熱褲。哇！劇終。

但在現實中，此案透過私人仲裁解決，從來沒開過庭。如果他們真的是正義勇士，布洛科維奇女士和她老闆應該會選擇法庭審訊。太平洋電力瓦斯未曾認罪。我並不是說該公司無罪或那些小孩沒病。我不知道。多數科學家認為六價鉻即使真的吃進肚子，也對人無害，會排出體外。[14]但問題不在於「事實」或「科學」。一場訴訟可以纏繞很多年，為公司帶來大量負面新聞，嚇走顧客、損害商譽。電力公司對此案的說法，難以拍成動人的電影。

> 混淆不清的題材、引人同情的原告，你已成功了一半。

太平洋電力瓦斯付了3.33億美元了事。諷刺的是，史蒂芬索德柏（Steven Soderbergh）導演的這部虛構電影，對該公司的名譽打擊要大得多。不過如果上法庭的話，情況可能更糟。注意：這是一家市值140億美元的上市公司，年度營收高達130億美元。3.33億的和解金似乎很多，但不和解的損失很可能更大。要打贏這樣一場官司，很可能要耗上很多、很多年，而這段期間公司會被公然抹黑。人們對指控總是記得比較清楚，到法庭終於靜靜地宣判被告勝訴時，那已經沒有多少新聞價值了。沒事耶，那就不是新聞了嘛。

---

[14] Cheryl Pellerin & Susan M. Booker, "Reflections on Hexavalent Chromium: Health Hazards of an Industrial Heavyweight," *Environmental Health Perspectives* (vol. 108; September, 2000), pp. A402 – A407 www.ehponline.org/docs/2000/108-9/focus.pdf.

但對布洛科維奇女士和她老闆（也可能是你或其他原告律師）來說，這可是發大財的日子。根據他們的合約，原告律師分得和解金的40%，外加1,000萬美元的費用報銷，總共1.432億美元。對了，那些生病（不管是否跟六價鉻有關係）的小孩呢？他們分到多少？有醫療證明的原告據稱每人分得5-6萬美元——對罹患癌症的人來說，這真的不多。[15]那其他錢去了哪裡？原告們看來都不太清楚。[16]但相信茱莉亞羅勃茲並不介意演出這樣一部誤導觀眾的電影。她扮演了一個典型的女羅賓漢，美國人看得很感動。

代罪羔羊

事情出錯時（不管是醫療、投資、戀愛，或任何事），人們總喜歡找個目標怪罪一番。這是人性。代罪羔羊幫助大家面對後果。行為學者稱此為「迴避悔恨」（regret shunning）。悲劇（或非悲劇）事出有因（或無因），原告律告的成功秘笈在於為大家找出可怪罪的羔羊。但羔羊不想犧牲，只好付錢打發原告律師。

前參議員、副總統與總統參選人**約翰・愛德華茲**（John Edwards）以將案子帶上法庭審理著稱。他一再宣稱，腦性麻

---

[15] Walter Olson, "All About Erin," Reason Magazine (October, 2000), http://www.reason.com/news/show/27816.html.

[16] 同上。

痺是因爲醫師在接生過程中出錯造成的，是完全可以避免的。
在某次著名的審訊中，愛德華茲「扮演」他的客戶（一個小女
孩），假裝自己還在媽媽的子宮裡，懇求陪審團做一件正確的
事——即宣佈他的客戶勝訴。他成功了。客戶從醫院拿到275
萬美元，負責的醫生則賠償150萬，合計425萬。[17]此案衍生了
一個小產業，你應該看過這樣的廣告：「如果你的小孩有腦性
麻痺，那可能是醫療過失造成的。你可以提告！請致電Dewy,
Cheatem & Howe。」

　　腦性麻痺眞是原告律師的完美案件：備受折磨的小孩，眞
相混沌的疾病。一對佛羅里達州的夫婦控告Jacksonville Naval
醫院，要求1.5億美元的賠償。[18]但據美國婦產科學院的說法，
腦性麻痺很可能由基因、產前感染或其他醫師無法控制的因素
造成。[19]但想一下，當陪審團或媒體正觀看一場催人熱淚的苦
情戲時，跟他們說這些會有什麼效果。

侵權與勒索

　　美國有關侵權的法律制度對小公司特別不利。因爲規模有

[17] Marc Morano, "Did 'Junk Science' Make John Edwards Rich?," *CNSNews* (January 20, 2004), http://209.157.64.200/focus/f-news/1061376/posts.

[18] "Parents File \$150M Suit Against Naval Hospital," *News4Jax* (February 8, 2007), http://www.news4jax.com/news/10965449/detail.html.

[19] Jim Copland, "Primary Pass," *National Review* (January 26, 2004), http://www.nationalreview.com/comment/copland200401260836.asp.

限，法律辯護成本與聲譽損失可能令小企業吃不消，這讓原告律師更容易敲詐企業。小企業一旦被提告，幾乎都是嚇得要死，很容易屈服。許多原告律師會找那些他們認為沒有本錢力抗到底的目標。訴訟開始後，他們會私下要求對方付錢了事，而且通常能得償所願。企業支付和解金通常可獲保險理賠，因此比較願意和解。付錢了事要比抗辯到底容易得多，這為原告律師製造了很多「商機」。

更妙的是，和解討論的內容不能成為法庭上的證據。被告不能向法官大喊：「但他跟我說，我們只要給他150萬美元，他就會撤銷所有提告。這真虛偽！」妙吧？當原告律師是可以得到保護的。

因此，如果你當原告律師，理想的情況有兩種：要不就以知名大企業為目標，因為提告會危及它們在顧客與股東眼中的形象（就像《永不妥協》那部電影）；要不就以許多畏懼訴訟的小公司為目標。

按慣常法庭程序，被告一開始會要求法官撤回訴訟。但法官幾乎一定不會答應。這對你這位原告律師有利，因為可以有更多時間敲詐勒索。法官認為，必須小心審理，以免不慎撤回應獲得審理的案件。法官審慎審理，是希望降低自己的決定未來遭推翻的可能性。判決遭推翻可能是法官最討厭的事。因此，案件通常能繼續審理，而你就可以繼續恐嚇、打擊被告，逼迫對方付錢和解。

　　官司一旦開始，不論最終結果如何，被告的損失只會日益增加。在這種案件中，並沒有什麼「無罪推定」。被告實際上是穩「輸」的。倘若被告抗辯到底，審訊要耗費二至四年的時間，辯護成本可輕易超過200萬美元──較大規模的案件會更貴。但對你這位原告律師來說，成本相當低──你的時間、有限的跋涉、專家證人、影印、文書工作，所費不多。每一個月被告的成本都遠高於你的。最後的賠償可能實際上由保險公司支付，但被告的辯護成本則不是──除非願意由保險公司接管辯護事宜，但這意味著失去主導權，而且辯護的素質通常也會降低。因此，只要一個月又一個月拖下去，被告付錢了事的壓力會越來越大。你會在提起告訴時要求被告馬上付款和解，在法官拒絕被告撤回案件的請求後再次要求和解，隨後大概每四個月再要求一次。

　　被告若抗辯到底，原因可能是他們自信沒做錯任何事、夠堅強，或是出於原告律師無法理解的某種原因，認為自己不能和解。（詳情稍後再講。）但即使被告堅持到勝訴，你還是可以要求對方付錢給你（金額得大幅調降），否則上訴。倘若對方不肯，你就上訴吧。這很容易又會拖個一年，期間你會持續要求對方給錢了事。由始至終，你希望持續向對方施以重拳。哪一種重拳最有效呢？

訴諸媒體

原告律師都會假裝不想在媒體上曝光，因爲操作媒體會惹惱法官。但他們實際上通常會這麼做，成功的原告律師無不深諳操作媒體的技巧，特別是當被告有需要保護的品牌與商譽時——像《永不妥協》描述的那種案件。我們社會一個少有人知的骯髒秘密是：原告律師是媒體最重要的消息來源之一。多數負面報導都源自原告律師的爆料。記者會盡其所能保護他們的「消息來源」，避免原告律師的身份曝光（別忘了法官討厭律師對媒體爆料）。在美國憲法第一修正案的保護下，他們可以這麼做。

媒體是你的夥伴：你提供髒消息，而髒消息就是好賣的新聞；另一方面，媒體的報導會嚇跑被告的顧客（以及潛在的顧客），令被告更容易屈服於和解的壓力。假設你剛對某家知名企業提起告訴，此時聯繫某位大牌的財經記者，獨家爆料，我保證對方會非常客氣地接待你。

美國的侵權訴訟制度就是對原告律師非常有利。被告有兩個選擇，要就抗辯到底，爲求勝訴承擔損失與費用，而這些成本是永遠收不回來的；要不就是付錢打發原告律師。多數被告會選第二條路。

所有企業一旦超過某個規模（小於你所想的），終有一天會成爲侵權訴訟的被告，而且會不只一次遭提告。當我自己的公司成為被告時，我試圖理智地視之為經營的部分代價。我的律師團隊會獨立考量每一宗案件。但被告的想法有時是原告律師難以理解的。舉一個例子，幾年前，一名聖地牙哥的原告律師攻擊我的公司，威脅要提起集體訴訟。對方引用令人厭惡的某項法規（後來法官認為該法規不適用於這種案件），指我公司的廣告誤導投資人。該律師提起訴訟，要求我們退還所有客戶服務費。我很清楚對方大錯特錯，只要堅持抗辯，定可勝訴。另外，我也知道，如果我付錢了結此案，以節省成本並避免負面的媒體曝光，我的客戶就會堅信我們一定做了一些虧心事──不然幹嘛和解呢？

此事攸關信譽，我怎能任由別人誣衊我們誤導客戶？因此我下定決心，不惜任何代價，絕不和解了事。事關面對客戶的誠信問題，這在我這行可是輕忽不得之事。而且就我們的標準而言，對方不算可怕。因此，我們力爭到底，最後勝訴。但這整個過程中，原告律師持續要求我們付錢和解，同時不明白我們為什麼那麼堅持。我的律師持續告訴我對方開出的最新價碼，而我則一直簡單答覆：去死吧，原告律師。

我們花了好幾百萬元，包括我在內的高層投入許多時間，對職務造成某程度的干擾，最後才打贏這場官司，但我覺得這一切都很值得。我們沒有做的事，我不允許別人將污點掛在我們頭上，讓客戶永遠覺得我們曾做了一些見不得人的事。我們的清白和信譽將因此而葬送！起初，原告律師要價很高，隨後逐步降低價碼，最後要求的和解金已微不足道。但該律師從不明白，我們無論如何是不會給錢的。如果你做原告律師這一行，你會遇到這種案子，屆時你最好能及早認清事實。當被告堅決不肯付錢時，你得確信自己在訴訟中站得住腳，有勝訴的把握。你很可能沒有勝算，果真如此應即時抽身，別再浪費時間。

輸得起

當原告律師的另一個好處是，即使打輸官司，你也不必付出沉重代價。比如說，你打一場讓人很噁心的官司，而且犯了極大的錯誤——例如你毫無證據就控告教宗性侵兒童而且虧空公款，一路咄咄逼人，最後慘敗，過程中還違反基本訴訟規矩（例如對法官撒謊）。儘管如此，被告贏了官司也很難向你索賠。而且即使成功索賠，能拿到的錢也少得可憐。你真的沒有多少可輸的。在前述案件中，我們大獲全勝，原告律師還犯了一些非常糟糕的錯誤。結果對方被判賠償我們的費用，這真是極度罕見的勝利。但是，我們也只能拿到區區1.3萬美元。作為原告律師，除了自己的時間，你很難再輸掉什麼。真好！

我曾兩次付錢打發原告律師，總額500萬美元。兩次均涉及針對我公司的集體訴訟，指我們違反加州的勞工薪資與工時法規。這算是例行糾紛，並不值得上法庭抗辯。我們沒有做錯任何事，但相關勞工法規混沌不明，抗辯要比付錢了事更昂貴。而且，這些官司並不涉及諸如詐欺這種會影響客戶觀感的事。爭論點在於我們如何對待員工，而員工對此都很清楚，他們的觀感不會因為這種無聊的控訴而改變。

　　加州的企業一旦擴充到某個規模，幾乎一定會碰上這種事。在某些州，這已是例行的經營成本（見第8章）。原告律師並不想上法庭，他們只求財。付錢了事要比抗辯到底省錢，抗辯贏不了任何東西。原告律師不需要做太多事，多數就能輕易賺到這種錢。全部的原告律師在做這種事。你可以代表一組雇員控告雇主一次，然後就得另找一組雇員。關鍵在於尋找目標，找出已大到值得告的雇主。通常企業的雇員總數達500人時，就值得提告。這就像尋找海上無人防禦的運寶船，你得比其他海盜更早找到目標，率先出手。

選擇目標

　　除了能搏取社會同情的客戶（如勞工、小孩），你還需要有付錢能力並希望及早和解的目標企業。大公司通常比較容易妖魔化。

藥廠

藥廠是非常好的目標。大型製藥公司規模驚人，市值龐大，因此有能力支付鉅額和解金。而且因爲盈利豐厚，社會通常不太同情它們。藥物訴訟同時具備令人同情的原告、複雜費解的題材，以及容易妖魔化的被告，眞是完美的組合。還記得默克（Merck）藥廠的偉克適（Vioxx）事件嗎？偉克適是一種COX-2抑制劑（很複雜），是胃敏感的骨關節炎患者的止痛藥，本來就是只適合短期服用的藥物。默克進一步的測試顯示，若使用超過18個月，可能會增加心血管問題。公司因此宣佈回收偉克適。[20]但此藥本來就不是做長期服用的，因此應該沒問題，對吧？錯。消息曝光後，默克股價崩跌。信評機構因擔心訴訟與賠償，也很快調降該公司的信用評等。[21]

截至2007年10月，默克已捲入26,600宗官司中。26,600宗！其中一些可能是你提起的。結果如何？陪審團無法決定。他們當然無法決定！有多少一般的陪審團員明白該化學物的原子結構：C17H14O4S？該物質會在肝臟代謝，半衰期爲17年（超級複雜）。迄今只有19宗官司開庭，默克贏了12宗，原告贏了5宗，無效審判2宗。另有5,500宗遭撤回，原因很可能是

[20] Robert Steyer, "The Murky History of Merck's Vioxx," *TheStreet.com* (November 18, 2004), http://www.thestreet.com/_more/stocks/biotech/10195104.html.

[21] 同上。

證據不足。還有20宗在選定陪審團前，遭法官撤銷或由原告撤回。[22] 儘管如此，等這一切塵埃落定，原告律師估計將取得近20億美元的收入。[23] 你是否有本事將客戶包裝得夠可憐，從「罪惡的」被告身上贏得鉅額賠償呢？

菸草公司

小時候父親教我兩件事：過馬路時要小心看車，另外永遠不要抽煙。差點忘了1965年起，衛生局即警告大家：抽煙可致癌。從那時起才上癮的人，其實已獲充分警告。但原告律師持續找到新的角度。你也可以。菸草公司無論何時都形象不佳。

其他目標

石棉是訴訟的好題材，創造的收入最終可能超過菸草。每年約有50,000至75,000宗新的石棉訴訟，至2000年底已累積超過60萬宗，其中多數是由並未罹患任何石棉相關疾病、也可能永遠不會患上此類疾病的人提出。[24] 原告律師真有本事！

---

[22] Merck press release, "Merck Agreement to Resolve US VIOXX Product Liability Lawsuits," (November 9, 2007), http://www.merck.com/news-room/press_releases/corporate/2007_1109.html.

[23] Peter Lattman, "Merck Vioxx By-the-Numbers," *The Wall Street Journal Law Blog* (November 9, 2007), http://blogs.wsj.com/law/2007/11/09/merck-expected-to-announce-485-billion-vioxx-settlement/.

[24] American Bar Association, "Tort Law: Asbestos Litigation," http://www.abanet.org/poladv/priorities/asbestos.html.

疫苗製造商是原告律師的熱門新目標，事關用於保存疫苗的硫柳汞（thimerosal，一種水銀衍生物）據稱可能跟自閉症有關。（複雜的化學物質、生病的小孩，加上大藥廠！）自閉症小孩越來越多，可能是因為醫生現在真的有對此症加以診斷──十幾二十年前，這種小孩只會被視為「遲鈍」或「不合群」。但或許我講的不對。無論如何，這是現在提起告訴的熱門題材。

你也可以及早加入鄰苯二甲酸（phthalate）訴訟行列！這種化學物可以讓塑膠易於塑形並堅韌無比，用於製造玩具、點滴藥袋（IV bag）及其他醫療器具。綠色和平組織認為該物質「不好」，加州已禁止使用。綠色和平建議的替代物會令塑膠較易碎，這意味著玩具更容易碎成可以讓小孩子窒息的碎粒。我們可能很快就全面停用鄰苯二甲酸，但窒息訴訟則可能大增！綠色和平的創辦人其實認為鄰苯二甲酸完全安全[25]，但這並不重要。這是複雜的化學物，而且很多人還唸不出它的名字！

> 大企業、藥廠和菸草公司都是媒體樂於批判的對象，控告它們比較容易有收穫。

---

[25] Patrick Moore, "Why I Left Greenpeace," *Wall Street Journal* (April 22, 2008), http://online.wsj.com/article/SB120882720657033391.html?mod=opinion_main_commentaries.

證券訴訟

　　控告那些股價暴跌的上市公司也是原告律師的經典之作。原告律師找一名股東就能提起告訴，指控公司應該更早公佈某項消息，或做某些事避免股價暴跌。(變魔法嗎？) 這種訴訟都很荒謬，但非常普遍。媒體很喜歡這種訴訟，因為可以將企業描繪成刻意詐騙股東的邪惡勢力。

　　遊戲是這麼玩的：假設X公司股價原本在50元左右，市值100億元。公司盈利開始轉差，消息曝光後，該股暴跌20%至40元，市值蒸發了20億元。原告律師替股東提起告訴，要求賠償20億元。X公司以6,000萬元和解，原告律師自己拿到2,000萬。注意：公司付給股東的錢來自股東，這是一個零和遊戲。唯一的差別是，部分股東可能已賣掉持股，換成一些新股東接手。因此，和解金由全體現有股東買單，得益的只有少數前股東。支付和解金後，公司股票就更不值錢了。這真是毫無效益的事。如果你一直是股東，情況就像是拿到一筆小股息，但要支付原告律師30%的中介費。非常普遍的荒謬訴訟。

玩過頭的原告律師

　　那麼，合法劫掠何時會變成非法勾當呢？當你違法亂紀時。**梅爾文‧魏斯**（Melvyn Weiss）和**比爾‧萊拉奇**（喜歡喝威士忌的那一位）是最佳例子。數十年來，美國的CEO最畏懼的兩個字莫過於「Milberg Weiss」。（嗯，或許「萊拉奇」的名號亦可媲美。）梅爾文·魏斯於1965年創辦Milberg Weiss律師事務所，聲稱為藍領階層打抱不平，專門對付那些害他們損失終生儲蓄的邪惡企業。作為勞工階層的救星，Milberg Weiss令那些「欺騙投資人」的企業付出了450億美元。450億美元！比爾·萊拉奇1976年加入這一行，在聖地牙哥創立Milberg West事務所，和Weiss一樣令CEO們聞風喪膽（甚或過之）。

他們生意越做越大，最後在全美擁有超過200名律師，規模在業內居首，成了可怕的訴訟機器，高峰時期每週都會提出新訴訟。主要合夥人收入以億美元計。他們不放過任何企業！部分公司遭多次提告。90%的官司以和解收場——他們並不希望官司進入審理程序。[26]萊拉奇以親自威脅企業CEO著稱，像「告到你破產」這種話應該是家常便飯。[27]大盜愛講話。啊！

要成功提告，你必須搶在其他原告律師之前向法院入狀。遊戲規則是先到先得。那麼你怎麼能確保自己跑第一呢？魏斯和萊拉奇深諳此道。所有集體訴訟都需要一名原告代表（lead

[26] Peter Elkind, "The Fall of America's Meanest Law Firm," *Fortune* (November 3, 2006), http://money.cnn.com/magazines/fortune/fortune_archive/2006/11/13/8393127/index.htm.

[27] 同上。

plaintiff），代表典型的受害者。尋找原告代表需要時間，可能令你在搶案時落後。因此，魏斯和萊拉奇建立了一隊「原告兵團」，預先擬備訴狀。

要怎樣才能事先備好原告與訴狀？魏斯和萊拉奇徵召了一群人，小額購進數以千檔的股票，然後等待時機。一旦有個股重挫，他們就馬上入狀控告公司。當人頭的原告可以分到律師所得的7-15%，每次可得上百萬美元。魏斯和萊拉奇重複使用原告人頭，有一位先生當了40次的原告代表。律師給原告回扣是違法的，在美國屬重罪。法庭例行程序之一是問律師是否有對原告支付額外的款項，魏斯和萊拉奇數十年來在宣誓下說謊，他們的明星原告代表也是。

消息滿天飛，股價起伏波動是很正常的。有時股價會下挫，這就是風險。因股價的正常波動而懲罰公司，不過是一種盈餘再分配，傷害股東利益且對股價不利。

不要重蹈萊拉奇的覆轍。

這麼做對小投資者並無幫助，不過是一種敲詐勒索。但公司為求打發原告律師，多數願意付錢了事。[28]

當局2001年對此類訴訟展開正式調查。你可能以為Milberg和萊拉奇會收斂點。錯！他們繼續做這種勾當，至少直到2005年。檢察官指他們在超過150宗集體訴訟中對原告提

---

[28] 同上。

供回扣。[29]萊拉奇認罪，被判兩年徒刑，罰款775萬美元。[30]魏斯也認罪，罪名是勒索（像個黑道！），被判33個月徒刑，另得向政府支付1,000萬美元。[31]其事務所則付出7,500萬美元的和解金，以避免刑事審訊（律師事務所死命避免上法庭，眞有趣）。[32]雖然認罪且接受罰款，愛喝威士忌的萊拉奇在獄中仍堅稱，他們的所爲「不過是業內標準做法」。[33]哇喔。

　　不管你選擇哪一條路，永遠、永遠不要犯法。你不會想成爲萊拉奇和魏斯的獄友。一如我在下一章談理財業所詳述，犯法總是非常不划算的事。不管你以什麼方式追求財富，穿上橙色囚衣都很醜。當一名原告律師，劫掠一番……但切記要合法地做。永遠不要違法，不要重蹈萊拉奇的覆轍。

　　話說回來，這兩名重犯實際坐牢的日子只會是刑期的一部分，幾乎所有重犯都是這樣。許多罪犯實際服刑的日子只有宣

---

[29] Michael Parrish, "Leading Class-Action Lawyer Is Sentenced to Two Years in Kickback Scheme," *New York Times* (February 12, 2008), http://www.nytimes.com/2008/02/12/business/12legal.html.

[30] 同上。

[31] Peter Elkind, "Mortal Blow to a Once-Mighty Firm," *Fortune* (March 25, 2008), http://money.cnn.com/2008/03/24/news/companies/reeling_milberg.fortune/.

[32] Jonathan D. Glater, "Milberg to Settle Class-Action Case for $75 million," *International Herald Tribune* (June 18, 2008), http://www.iht.com/articles/2008/06/17/business/17legal.php.

[33] Editorial Staff, "The Firm," *Wall Street Journal* (June 18, 2008), http://online.wsj.com/article/SB121374898947282801.html?mod=opinion_main_review_and_outlooks.

判刑期的三分之一左右。因此，萊拉奇和魏斯可能蹲個一年左右就自由了。他們終身不得再做律師工作，但他們很有錢。沒人知道他們到底多有錢。第4章講過，明星藝人能掙得的財富並不如多數人所想像。我猜魏斯和萊拉奇兩人都比任何一位影視明星有錢，歐普拉除外。因此，他們雖然把事情搞砸了，但結局並不算很差。換個方式看：如果坐一、兩年牢可換得萊拉奇或魏斯財富的一小部分，美國會有數以萬計的小偷小賊非常樂意做此交易。海盜生涯眞的金光燦爛。

菁英圈子

　　原告律師不會公開承認這一點（但私下會）：成功與否多數無關法律。民事審訊、仲裁，甚至是不具約束力的調解，要爭取有利的結果，關鍵在於說服陪審團、法官、仲裁人或調解人，令其相信你代表的一方是好人。法官也不會承認這一點，但基本上一旦法官或陪審團對誰好誰壞已有判斷，剩下的就只是細節及程度的問題。法律的應用基本上圍繞著這種品格判斷。一旦你說服法官己方是好人、對方是壞蛋，大局即告底定。這就是爲何頂尖的原告律師並不需要上頂尖的法學院。關鍵在於調查技術、表演功力，以及洞察法官及相關人等心理的社會智慧，關鍵不在法律細節。勝利得靠策略應用得當，製造一種印象，讓法官與陪審團因爲某些原因確信你代表善良的一方，而對方則並非善類。在劫掠者的世界中，這的確相當諷刺！

　　原告律師有一個菁英圈子，業界許多頂尖人物是Inner Circle of Advocates的成員。加入吧，如果你有辦法！這是一個榮譽。（你可以上他們的網站www.innercircle.org看看。）他們只收賺錢能力最高的原告律師，最多只收100名會員。你夠資格嗎？

　　「會員必須符合以下資格：至少處理過50宗設陪審團的個人傷害審訊，同時至少贏得3次超過100萬美元的賠償裁決，或一次超過1,000萬美元的裁決。本會絕大多數會員已為客戶贏過很多次百萬美元以上的裁決。」[34]

　　頂尖原告律師顯然不只100位，許多著名業者不在Inner Circle的名單上。對了，約翰‧愛德華茲是會員，而女會員只有五位。在這一行要出人頭地，男性顯然佔優勢。不管怎樣，這100位頂尖律師已賺得不亦樂乎。或許你也能加入他們的行列。

原告律師的書單

　　以下幾本書教你如何談判和說服他人，因此即使你不打算當原告律師，也能從中獲益。

---

[34] The Inner Circle of Advocates, http://www.innercircle.org/.

1.《*Rules of the Road: A Plaintiff Lawyer's Guide to Proving Liability*》，Rick Friedman與Patrick Malone合著。兩位作者皆為成功的原告律師，以過來人的身份告訴你這條路該怎麼走。比上法學院更好。Friedman是Inner Circle of Advocates的一員。

2.《*Theater Tips and Strategies for Jury Trials*》，David Ball著。Ball教授的本業是劇場藝術，後來轉型為成功的法庭審訊顧問，教導律師怎麼講故事才能感動陪審團，進而贏得官司。

3.《*David Ball on Damages*》，David Ball教授的另一著作。教你如何洞察陪審員的心理——他們如何思考，以及你必須怎麼做才能操控他們的想法。關鍵在於說服陪審團，你是好人而對方是壞蛋。原告律師必讀。

4.《*Legal Blame: How Jurors Think and Talk About Accidents*》，Neal Feigenson著。和David Ball的書同一題材，但更多心理面的分析。

合法劫掠指南

　　一般來說，你得先取得一個學位，並自法學院畢業（雖然這並非必要條件）。你必須通過居住及／或執業之州的律師資格考試。相對於CEO，律師這一行比較少沒唸完大學的人。但即使你唸的法學院很糟糕，也不妨礙你成為頂尖的原告律師。在這一行發達不必靠家世背景。但要耐得住寂寞！有些人會怕你、討厭你、避開你，就像他們對任何劫掠者一樣。

1. **選對領域**。當普通律師發不了財。要賺大錢，你得成為原告律師，也就是自豪的劫掠者。

2. **選對客戶和控告目標**。你需要的是：

   a. **能搏取同情的客戶**：一般人眼中貧窮、受壓迫的人是好原告，像病人、小孩、低階勞工，以及一般小市民。

   b. **討人厭的被告**：最好是能輕易抹黑的那種，像大企業如石油、菸草及製藥公司都是好目標。金融業者也是，人們通常覺得它們盈利豐厚，因此比較不會同情它們。小企業抗辯還擊的能力較弱，比較容易付款和解，因此也是好目標，但必須密集地做。

   c. **複雜的題材**：訴訟內容最好能混淆陪審團，這樣你就能主打形象牌。記住，關鍵在於讓陪審團和法官喜歡你，而不是事實細節。

3. **集體訴訟最賺錢**。打贏一場大型集體訴訟可以分得鉅款。規則相同：無助的原告、富有的企業惡棍、複雜的題材。請磨練好講故事的技能。

4. **養一隻狗**。當一名劫掠者可能會很寂寞。有些人會討厭你，而你也會樹敵無數。養一隻大狗，它不但能保護你，也會很愛你。

7

盛產富豪的理財業

喜歡指揮別人嗎？

有鋼鐵般的意志嗎？

你或許適合走理財業之路。

這條致富之路建基於打理別人的錢（Other People's Money, OPM），從中收取服務費。它涵蓋資產管理、私募基金、證券經紀、銀行以及保險等產業。入行門檻很低，不必有博士學位或腦外科醫師的頭腦。此路跟許多其他致富之路交叉：理財業中人常是成功的創業者（第1章），也衍生許多非常富有的副手（第3章）。這一行有人成為英雄，有人住進監牢——利益衝突的機會非常多。但好的理財業者能有效、正當地幫助自己的客戶發財。助人發達之餘自己也發財，還有什麼比這更好？

201

理財業是超級富豪最常走的路。你未必能藉此成爲鉅富，但許多鉅富的確是靠此發跡的。富比世400大富豪榜上，2007年有86位來自理財業，在所有類別中居冠。當然，這一行更多的是200萬至5,000萬美元的小富翁，而且通常只需要幾年時間就能攢得這樣的財富。

理財業基本守則

人們常以爲要在理財業闖出名堂，首先得掌握金融知識。錯！先學會推銷再學金融一樣可行，甚至更好。我在這一行觀察多年，得出一個與直覺相反的結論：

> 年輕人要比年紀較大的人更容易掌握推銷和溝通技巧，但後者掌握金融知識的能力較強。

因此，我覺得應先學推銷，要學金融與投資知識，以後有的是時間。學推銷跟學滑雪一樣，越早開始，學得越快，技術掌握得越好。而學投資分析則跟學習招攬人才一樣，多年的實戰經驗能提升自己的洞察力，時間有助增進功力。

學好推銷，一切好辦

年輕人若有志於理財業，通常希望從明星分析師或基金經理人做起——覺得自己一定會是下一個巴菲特或彼得‧林區

（Peter Lynch）；他們常幼稚地鄙視任何跟推銷有關的工作，結果幾乎永遠事與願違。我對年輕人的忠告：從電話行銷學起吧，即使跟投資無關也沒關係。因為不必面談，你稚嫩的外表不會妨礙你的成績。假以時日，開始做面對面的行銷，先推銷簡單的商品，再賣比較複雜的商品與服務。年輕時掌握銷售技巧的能力特別強，但學習能力會隨著年齡漸長而逐步減弱。完全沒有推銷經驗的人到了四十幾歲也可以學推銷，但會比較辛苦，需要更多時間，而且感覺彆扭。（跟學滑雪一樣！）

相對於推銷能力，產品知識較次要，必要時可以很快掌握。三十年前，肯恩・柯斯柯拉（Ken Koskella）——富蘭克林資源公司（Franklin Resources）行銷團隊的建立者——告訴我，一個人如果真的懂推銷，你把他扔到美國最偏僻的小鎮，他也能在一個星期內謀得生計。或許不是很理想的營生，但至少是過得去的生計——在你事先一無所知的情況下。（柯斯柯拉在賺夠後退休，現在偶爾表演單口相聲——西裝革履的老派生意人開老派生意人的玩笑，自娛娛人。）

許多人認為自己不必推銷：開一家公司，然後請推銷員不就行了？問題是，在理財這一行，如果你自己不擅推銷，是不可能找到並管理好行銷人員的。這是行不通的。

> 學會推銷，這是理財業最重要的技能。

本書並不是要教你如何推銷或管理銷售團隊（稍後我會為你開一張相關的書單），但學好推銷的原因之一，是這樣你才能建立並管理好行銷團隊——這是許多產業的成功關鍵。現實是，企業對推銷員的需求，多過那些萬事皆通、雄心萬丈但卻欠缺技術的23歲青年。有志於理財業的年輕人二十多歲就必須學會推銷（什麼商品都可以），然後開始賣金融商品。工作中你自然會學到一些金融知識。到你三十出頭時，調整一下定位，加強自己的金融分析能力以及技術深度。屆時你的實戰經驗將能助你掌握金融知識。

選對公司

只要他們能教你如何推銷，加入任何一家公司都可以。大公司會大量招聘，美林、JP摩根或紐約人壽，其實都差不多。參觀公司、面談、對話，然後選一家你覺得在學會推銷前，不會逼得自己想跳樓的公司。加入所謂的「精品公司」（boutique firm，通常有獨特定位的小型業者）也可以，幾乎所有大城市都有此類公司。兩條路都行，難說孰優孰劣。大型金融業者經常大規模招聘大學剛畢業或沒有實際經驗的人，這是一種「淘金式」的招聘法。新人如果表現不濟，公司不會有太多損失。（如果你專注學好推銷技術，你不會是表現不濟的新人。）起步時若想得到多一些關心指導，則最好選一家精品公司。但無論如何，**關鍵是學會推銷**。要做到這一點，請閱讀以下著作，並再三練習相關技巧：

- 《人性的弱點》（*How to Win Friends and Influence People*），
  卡內基著。
- 《*You'll See It When You Believe It*》，Wayne Dyer著。
- 《*The Psychology of Selling Brian Tracy*》，Brian Tracy著。
- 《差異製造者》（*The Difference Maker*），約翰‧麥斯威爾
  （John Maxwell）著。
- 《*Confidence*》，Rosabeth Kanter著。
- 《*See You at the Top*》，Zig Ziglar著。
- 《銷售巨人：教你如何接到大訂單》（*Spin Selling*），尼爾‧
  瑞克門（Neil Rackham）著。

　　然後你必須通過資格考試，才能正式接收客戶。考試的內容視你銷售的產品而定，只要事先準備，要及格並不困難，而且沒有學位也可以應考。但請小心：在許多公司，如果不能一次通過，你可能得走人。

　　接著就要開始推銷產品了。如果業績不好，你很快就會陣亡。多數公司都有定期的銷售目標，例如，你可能得每月為公司帶來50萬美元的新客戶資產。做不到的話，你就另謀高就吧。這麼講不是要令你洩氣，只是想強調學會推銷的重要性。你或許能非常精準地預測行情，但如果不能招攬客戶，那另選一條路走吧。你的公司應該會提供一份可致電的名單，但接下來就看你的本事了。

理財業的致富步驟

接下來的問題是，你想成為哪一類的理財業者？這基本上可分為依交易逐次收取佣金（commission-based）以及按客戶資產規模收費（fee-based）兩大類，差別在於收費方式以及服務內容。

依次收取佣金的業者——像證券與保險經紀商——銷售產品（如股票、債券、共同基金，以至保險），收取佣金。你能賺多少錢，完全取決於你能賣多少產品。例如，某位客戶透過你買了100萬元的股票，你若收1%的佣金，你的收入即為1萬元。持續找到客戶，持續賣出產品，你就能持續賺錢。收取佣金的理財業基本生意模式是：

1. 找到客戶。
2. 向客戶銷售產品。
3. 收取佣金。

賣多少，賺多少。想賺25萬美元？假設你收1%的佣金，那就得賣出2,500萬美元的產品。怎樣才能做到？找100位客戶，讓每個人向你買25萬美元的產品；或是找50位客戶，每人買50萬！你自己決定要怎麼做。有什麼壞處？除非你能讓這些客戶賣掉先前你賣給他們的，然後再向你買些新的，否則下一年你就得找一批新客戶。你得花時間找客戶。如果你在這方面很行，那就沒問題！這就是收取佣金的業務模式。

按客戶資產規模收費的業者——像資產管理業者或對沖基金——提供投資服務，並按客戶付託的資產收取某個百分比的費用。假設你有100位客戶，每位交25萬美元讓你打理，你收取每年1.25%（典型的收費標準）的服務費。這樣的話，只要你能留住這些客戶，每年均可獲得31.25萬美元的收入。客戶的資產規模越大，你的收入就越多。如果你能留住客戶，而且市場走勢如你所願，你下一年將能賺更多！但如果客戶的資產萎縮，你的收入也會跟著減少。這種業務的基本模式是：

1. 找到客戶。
2. 留住客戶。
3. 爲客戶爭取優異的投資報酬。

你的收入由以下因素決定：你能招攬到多少客戶資產、你能否留住客戶，以及你（或你的公司）能爲客戶帶來多大的投資報酬。

幾十年前，我開始做理財生意，選擇的就是按客戶資產規模收費的模式。這種模式簡單又具吸引力。我知道，如果扣除贖回資產的客戶，我每年能擴大客戶基礎X%，同時爲他們的資產帶來Y%的投資報酬，那麼我的生意規模即能以（X+Y）%的速度成長。因此，如果客戶基礎年成長15%，資產年增值15%，我的公司即能每年成長

> 選一個業務模式：依交易逐次收取佣金，或按客戶資產規模收費。

30%。這是非常強勁的成長。在此模式中，Y%是令這種生意特別具吸引力的關鍵。過去25年中，我的公司年均成長率剛好略高於30%。不管是做什麼生意，如果你能保持30%的成長率長達25年，同時不必對外出售股權，你將非常富有——以任何標準衡量皆然。

業務估值

那麼，你想做哪一種，依交易收取佣金還是按資產收費？做此決定時，請以企業主的角度考量。以下步驟非常有用，可以幫你評估業務的價值：

1. 請上Morningstar.com。
2. 搜尋任何個股，如共同基金公司駿利資產管理（Janus Capital，按資產收費），或證券經紀商美林（依交易收取佣金）。
3. 按一下左欄中的「snapshot」鍵。
4. 按一下上方的「industry peers」（同業）鍵。（註：同業分類由Morningstar決定，有時結果很古怪。例如美林的同業包括高盛和摩根士丹利〔同為證券商〕，但也包括紐約泛歐交易所〔NYSE Euronext〕以及納斯達克股市〔Nasdaq Stock Market〕這兩家交易所。在此情況下，你應該略過交易所。）

5. 挑選一組性質相近的公司。

6. 以每一家公司的市值除以年度營收，得出一個比率。

7. 比較一下各公司的比率高低。

　　我已經為你做了一次示範。你可以自己照著做，選任何個股進行分析。表7.1顯示共同基金公司——按客戶資產規模收費的業者——的分析結果，多數業者的市值對營收比率在4至6

表7.1　共同基金公司市值與年度營收

公司	市值 （百萬美元）	年營收 （百萬美元）	市值／ 年營收
富蘭克林資源	$28,258	$6,206	4.6
貝萊德（BlackRock）	$25,641	$4,419	5.8
T. Rowe Price	$16,635	$2,120	7.8
景順（Invesco）	$13,148	$2,936	4.5
美盛（Legg Mason）	$9,827	$4,653	2.1
駿利資產管理	$5,746	$1,138	5.0
Eaton Vance	$5,889	$1,018	5.8
Waddell & Reed	$3,116	$787	4.0
Cohen & Steers	$1,195	$273	4.4

資料來源：Morningstar.com as of December 24, 2007.[1]

---

[1] ©2008 Morningstar, Inc. All Rights Reserved. 此表格之資料：(1)為Morningstar及／或其內容供應商所有；(2)不得複製或散佈；(3)並不構成Morningstar之投資建議；及(4)不保證準確、完整或及時。若因使用相關資料而蒙受任何損失，Morningstar及其內容供應商恕不負責。過去的表現並不能保證將來的結果。使用Morningstar提供的資料未必代表Morningstar, Inc.贊同本刊物中所記載的任何投資觀點或策略。

之間。換句話說，市場認為此類公司的價值約為其年度營收的
四至六倍。T. Rowe Price和美盛是特別高與特別低的例外。

表7.2顯示證券商——依交易逐次收取佣金的業者——的
情況。注意，券商的市值營收比多數低於2！（嘉信理財和TD
Ameritrade是特別高的例外。嘉信理財有很大的共同基金業
務，因此是兩種營業模式的混合體。）換句話說，市場認為佣
金模式業者每一元的營收，價值只及按資產規模收費的業者的
一半左右。那佣金模式有何好處？即便是中型券商，其業務規

表7.2　證券商市值與年度營收

公司	市值 （百萬美元）	年營收 （百萬美元）	市值／ 年營收
高盛	$85,230	$44,653	1.9
摩根士丹利	$58,336	$40,344	1.4
美林	$46,000	$28,835	1.6
雷曼兄弟	$34,797	$19,400	1.8
嘉信理財（Charles Schwab）	$29,246	$4,745	6.2
TD Ameritrade	$11,848	$2,177	5.4
貝爾斯登	$10,253	$8,738	1.2
Raymond James	$4,084	$2,610	1.6
Lazard	$2,159	$1,805	1.2
E*Trade	$1,538	$2,259	0.7

資料來源：Morningstar.com as of December 24, 2007.[2]

2　同上。

模仍大於幾乎所有資產管理業者。以營收計，最大的夯商幾乎是最大的資產管理公司的十倍。佣金制的業務量要大很多，但比較不值錢。這是你得權衡取捨之處——偏重業務量，還是偏重價值？（註：貝爾斯登2008年崩盤前，盈利能力仍與同業相若。）

保險公司（表7.3）情況相仿，仰賴佣金的程度比證券商更高。保險公司的市值營收比更低，營收的價值因此較夯商更低，但業務規模可以做得非常大。表7.3中較小型的保險業者，營收規模比最大的共同基金公司更大。

表7.3 保險公司市值與年度營收

公司	市值 （百萬美元）	年營收 （百萬美元）	市值／ 年營收
國衛（AXA）	$82,439	$139,351	0.6
大都會人壽（Metropolitan Life）	$46,991	$52,171	0.9
保德信（Prudential Corporation）	$35,015	$65,901	0.5
Sun Life Financial	$32,138	$21,385	1.5
Aflac	$30,498	$15,063	2.0
Principal Financial Group	$18,500	$10,901	1.7
Lincoln National	$16,135	$10,750	1.5
Genworth Financial	$11,427	$11,751	1.0
Nationwide	$6,544	$4,472	1.5

資料來源：Morningstar.com as of December 24, 2007.[3]

---

[3] 同上。

　　注意，大型保險公司的歷史較多數夯商和資產管理業者悠久。因此，要權衡取捨的是業務規模、營收的價值，以及公司壽命。你得以創業CEO的角度思考。倘若公司因某種原因年度營收最多只能有10億美元，那麼顯然你應該選擇按客戶資產規模收費的模式，這樣公司的價值會高得多。在這種模式下，即使只是略有成就，也可以為你掙得很多、很多財富。

　　這麼講並不是要貶低保險和證券經紀業，許多鉅富均來自這兩個產業。有些人視**巴菲特**（身家520億美元）[4]為投資者，但他其實可說是保險公司的執行長。巴菲特旗艦公司波克夏絕大多數盈利來自保險業務。巴菲特是異數，保險業第二富有的大亨是**漢克·葛林柏格**，AIG前CEO，身家28億美元[5]，瞠乎其後。**阿瑟·威廉斯**（Arthur Williams）創辦了一家保險公司，後來賣給了Primerica，他的財富有18億美元。[6]**厄尼·斯坦貝爾**（Ernest Stempel）是漢克·葛林柏格的副手（第3章），創立AIG壽險部門，身家17億美元。[7]**帕翠克·萊恩**（Patrick Ryan，身家14億美元）創辦的公司後來成了美國最大的再保險經紀商AON。[8]但除了巴菲特，他們都比不上按客戶資產規

[4]　Matthew Miller, "The Forbes 400," *Forbes* (September 20, 2007), http://www.forbes.com/2007/09/19/richest-americans-forbes-lists-richlist07-cx_mm_0920rich_land.html.

[5]　同上。

[6]　同上。

[7]　同上。

[8]　同上。

模收費模式所衍生的富豪，前15名如下表。

按客戶資產規模收費模式所衍生的前15大富豪

人名	事業／事跡	財富淨值（美元）
愛德華・詹森三世（Edward Johnson III）	富達（Fidelity）	100億
喬治・索羅斯（George Soros）	經營多檔對沖基金／狙擊英鎊	88億
查爾斯・詹森（Charles Johnson）	富蘭克林資源公司	60億
查爾斯・施瓦布（Charles Schwab）	嘉信理財	55億
詹姆士・西蒙斯（James Simons）	對沖基金	55億
魯伯特・詹森（Rupert Johnson）	富蘭克林資源公司	52億
愛德華・藍伯特（Edward Lampert）	ESL對沖基金／被綁架	45億
利昂・布萊克（Leon Black）	阿波羅管理（Apollo Management）	40億
雷・達里歐（Ray Dalio）	資產管理與對沖基金	40億
史丹利・朱肯米勒（Stanley Druckenmiller）	和索羅斯一起狙擊英鎊	35億
布魯斯・柯弗納（(Bruce Kovner）	對沖基金與大鍵琴（harpsichord）	35億
保羅・都鐸・鐘斯三世（Paul Tudor Jones III）	對沖基金	33億
肯尼斯・格里芬（Kenneth Griffin）	對沖基金	30億
查爾斯・布蘭帝（Charles Brandes）	布蘭帝資產管理	25億
大衛・蕭（David Shaw）	對沖基金	25億

資料來源：Matthew Miller, "The Forbes 400", *Forbes* (October 8, 2007).

除查爾斯‧施瓦布外，富比世400大富豪榜上目前唯一來自佣金制經紀業務的只有**桑迪‧魏爾**（Sandy Weill，身家18億美元）。但其實魏爾後來亦大幅轉型。他原本是一家單純的證券經紀商的執行長，生意做得頂呱呱，隨後收購保險公司旅行者（Travelers），多年後與花旗銀行合併，成為花旗集團。魏爾最大的財富其實來自擔任花旗集團的CEO（第2章），而不是保險或經紀業。

我自己是按客戶資產收費模式的創業CEO，但成就不足以名列此模式的前十五大富豪。但我的小公司為我掙得18億美元的財富，和桑迪‧魏爾不相上下，而且和保險業大亨（巴菲特和漢克‧葛林柏格除外）相比亦毫不遜色。這就是按客戶資產收費模式的魅力，生意不必做很大也可以成為鉅富。

不過，經紀業務也是非常賺錢的。TD Ameritrade執行長**約瑟夫‧莫格利亞**（Joseph Moglia）2007年薪資高達6,230萬美元；雷曼兄弟的CEO**理察‧傅德**（Richard Fuld）拿到5,170萬；貝爾斯登的**詹姆斯‧凱恩**（James Cayne）則有3,830萬（貝爾斯登2008年崩盤）。摩根士丹利的**麥晉桁**（John Mack）雖然只有750萬，但也是非同小可的數額。[9]要成為鉅富，按客戶資產收費的生意模式是最好的。但如果你的目標只是累積

---

9 "CEO Compensation," *Forbes* (May 3, 2007), http://www.forbes.com/lists/2007/12/lead_07ceos_CEO-Compensation-Diversified-Financials_9Rank.html.

200 萬至 5,000 萬美元，理財業任何一個領域都可以。

暴富的對沖基金業

　　你喜歡高風險高報酬？喜歡與眾不同？喜歡收取高額服務費？那就創立一檔對沖基金吧。對沖基金以「二加二十」的收費方式著稱，每年按所管理的客戶資產收取 2% 的管理費（即如果交給他們 100 萬元，每年收費 2 萬元），外加 20% 的投資報酬分紅！如果你本事高、運氣好，財富將快速累積。

　　舉一個例子：你認為某一類股──例如大型股、能源股或製藥股──未來五年表現將優於大盤，因此大舉押注。假設你管理 1 億美元的資產，收費方式為「二加二十」。如果五年中你的押注每年平均帶來 20% 的報酬率，那麼：

- 第一年結束時，你管理的 1 億美元成了 1.2 億美元。你收 2%（即 240 萬美元），外加 2,000 萬投資報酬的 20%（即 400 萬），當年總收入 640 萬美元。
- 第二年開始時，扣掉你所收的管理費，客戶資產是 1.136 億美元。假設投資報酬率又是 20%，那麼「二加二十」第二年將為你帶來 727 萬美元。
- 如是者到第五年時，你的年度所得將超過 1,060 萬美元！

　　五年下來，你將總共拿到近4,200萬美元！這還只是初始資產所產生的收入。如果你投資表現優異，將會有更多客戶交給你更多資產。

　　那如果你只是一般的資產管理業者，情況又如何呢？假設五年間你的投資報酬率仍爲每年20%，但你僅按所管理的資產每年收取1.25%的費用。

- 第一年結束時，你管理的1億美元成了1.2億美元。你收1.25%，收入因此是150萬美元。不賴，但遠不如640萬美元。

- 第二年開始時，扣掉你所收的費用，客戶資產是1.185億美元。假設投資報酬率又是20%，1.25%的收費將爲你帶來178萬美元的收入。

- 如是者到第五年時，你的年度所得將增加至296萬美元。

　　五年下來，你的總收入是1,080萬美元——相當好，但遠不如對沖基金經理的4,200萬。當然，客戶將因爲你收費比較節制而獲益。在「二加二十」的收費方式下，對沖基金經理會想：「爲什麼不冒更高風險，爭取更大的報酬呢？」押對寶的話，那20%的投資分紅可是非常可觀的。萬一押錯了，每年還可以收2%的管理費。妙不可言的是，如果投資失利，你不必分擔20%的虧損！當你投資錯誤時，所有損失由客戶承擔。因此，對沖基金經理爲求賺大錢，通常傾向冒很大的風險，因爲低風險意味著低所得。

　　對沖基金並不是新創意，只是再度流行而已！1940年以前，金融騙子會創立兩檔基金，說服其中一檔的投資人XYZ公司的股價將上揚，因此買進該股。至於另一基金，他們則會說服投資人XYZ股價將下挫，因此拋空該股（亦即借入這檔股票、賣出後希望股價下滑，屆時再以較低的價格回補，賺取差價）。兩組投資人相互並不知道對方的存在。只要XYZ股價保持波動，這些騙子即可賺取相當於波幅10%的利潤。輸錢的投資人不再跟騙子往來，賺錢的不知道這是騙局，會交更多錢給騙子作新交易。1940年美國制定投資公司與投資顧問法後，此類騙局即消聲匿跡。

　　但如果你是基金經理，你大可單邊押重注，純粹靠運氣狠狠賺一筆，萬一輸了就捲鋪蓋走人，改做另一行。如果你運氣好，我可以保證，很少人會認為你不過是走運。你自己也不會這麼想。事實上，頂尖的對沖基金經理不可能光靠運氣，他們真的有非凡的操盤本領。但大發利市的對沖基金只是少數，多數業者真的要捲鋪蓋走路。這一行不時會出現令人咋舌的成功故事，但多數對沖基金很快就做不下去。做滿兩年、客戶還沒跑光的對沖基金是少數。我認識數十位創立對沖基金的人，只有兩位能做得久。這是風險極高的行業。押注時隨時可能將自己的事業也押上去，這種壓力足以令許多人抓狂。吉姆‧克瑞莫正是因為這原因退出對沖基金業。我看過不少人在走運幾年後忽然輸筆巨大無比的，頓時一切歸零。

對沖之路

　　對沖基金通常各有專注，主要類別包括可轉債套利（convertible arbitrage）、受壓證券（distressed securities）、長／短倉持股（long/short equity）以及市場中性（market neutral）等。投資人可以分散投資各個類別的基金（不過這麼做回報難免較差，因為廣泛分散投資、付給基金經理大筆費用後，投資報酬一定會受影響——請參閱第10章有關節儉的段落）。

　　對沖基金招聘的方式也各不相同。要進這一行，到處申請，亂槍打鳥即可！只要Google一下，你就可以找到無數對沖基金公司——數以千計。多數並不請人，因為多數基金其實是一人公司，管理1,000萬至4,000萬美元的資產，可能就在自己家裡操盤。但只要耐心點看，你會找到招人的業者——它們一定是規模較大的公司。

　　這一行沒有什麼工作安全感，基金可能隨時清盤。我不建議你以此為長久之計，除非你是創業CEO或老闆的副手。但對沖基金是偷師以備日後自己開業的好地方。做個幾年，了解情況，學會基金的營運，然後你就可以開設自己的公司了。

　　政府當局對對沖基金的監管相當寬鬆，因此設立基金非常容易。提供對沖基金服務的律師事務所，如舊金山的Shartsis

Friese，可輕鬆助你辦理設立基金的法律事宜，並告訴你相關規則。（有關對沖基金法律服務的更多資料，請上以下網址 http://www.hedgeworld.com/sp_di-rectory/search.cgi?category_name=3。）

接下來最重要的就是推銷基金、招攬客戶——你或許會厭惡這一部分工作。對沖基金的經營策略其實大同小異。注意律師提醒你該遵守的規則，擬訂自己堅信能帶來可觀報酬的策略，然後全力投入。

許多人在創立基金前，會先找一名金主。舉例，假設你是美林證券的經紀，服務的客戶共有1億美元的資產，其中一個大戶就佔了4,000萬美元。你花很多時間服務這位大戶，令他很滿意。你覺得自己如果創立對沖基金的話，這位大戶應該會跟著你，而你也能從他身上賺得更多錢。因此你辭掉美林的工作，開設自己的對沖基金，而這位大戶也成了你的基本投資人（anchor investor），讓你有開拓其他客戶的基礎。

整個過程其實不外乎：

1. 擬訂搏取高回報的投資策略。
2. 找到願意拿出大筆金錢支持你的客戶。
3. 遵循相關的法規。
4. 按「二加二十」收費。

　　近年最成功的年輕對沖基金經理很可能是**肯尼斯‧格里芬**，才38歲就累積了30億美元的身家。[10]格里芬1990年創辦Citadel Investment Group，採典型的對沖基金模式。如今他已有專注各種投資類別的操盤團隊，他們下重注追逐微利，靠非常高的槓桿放大投資報酬。他實在非常了不起，因為採取類似策略的多數業者不僅失敗，還敗得慘烈。

　　但即使你成功了，前途也很難稱得上安穩。我認識亞歷斯‧波克曼（Alex Brockman），在他還是個小男孩時，他父親就介紹我們認識了。亞歷斯人好得不得了，而且非常聰明。他替格里芬工作，負責買賣拉丁美洲公債，業績亮麗，薪酬亦極為優渥。但亞歷斯知道，自己的飯碗可能隨時不保。他2007年押對寶，為公司賺得驚人獲利，而格里分也很高興地給他大筆獎金。但亞歷斯很清楚，如果他2008年表現不好，2009年時他可能就已經不在公司了。亞歷斯由他原先在Citadel的上司介紹給格里芬，這位上司現在已經不在──被砍掉了。

　　我先前舉的第一個例子假設操盤人沒有本事，只是純粹走運。但格里芬顯然有他的本事。名列按資產收費模式前十五大富豪的人多的是對沖基金經理（索羅斯、柯弗納、鐘斯、西蒙斯、蕭……），他們冒大風險，賺很高的服務費。只有堅韌不拔的人才能成功，**愛德華‧藍伯特**對此深有體會。藍伯特

---

[10] 見註4。

目前財富僅有45億美元，但他還年輕，未來仍大有可爲。他以「慧眼識價值」著稱，2002年以跳樓拍賣價購入美國第三大折扣零售集團K-Mart，當時很多人認爲他這一次將跌個四腳朝天。但K-Mart成功扭轉頹勢，爲藍伯特的ESL基金帶來了鉅額獲利。[11]（冒大險賺大錢的又一個例子。）

但他差點沒機會做這筆交易。某天傍晚，藍伯特下班前往取車途中遭四名持武器的男子綁架。對方蒙住他雙眼，綁住他的手腳，將他扔進一輛休旅車中。整整兩天，他被囚禁在一家骯髒汽車旅館的浴缸中。藍伯特認爲對方會殺了他，但保持鎮定。他注意到綁匪有些不知所措，先是宣稱有人花500萬美元請他們來殺他[12]，隨即又改口說，給他們100萬贖金就放人。[13]他們持有武器，叫人害怕，但都很年輕，也很驚慌。結果眞相是，四名綁匪事先並無精密的計劃，他們只是Google了一下當地的富豪，找到藍伯特而已。[14]

藍伯特嘗試跟綁匪談判，表示不管其他人給了他們多少錢，他都可以給更多。他告訴綁匪，只有他能簽大額的贖金支

---

[11] Robert Berner, The Next Warren Buffet?," *BusinessWeek* (November 22, 2004), http://www.businessweek.com/magazine/content/04_47/b3909001_mz001.htm.

[12] Patricia Sellers, "Eddie Lampert: The Best Investor of His Generation, *Fortune* (February 6, 2006), http://money.cnn.com/2006/02/03/news/companies/investorsguide_lampert/index.htm.

[13] 見註11。

[14] 見註11。

票，因此應放他走。不過當他聽到綁匪叫比薩時（用藍伯特的信用卡！），逃命的機會才眞正出現。他告訴綁匪，警方會注意到有人用了他的信用卡——他們沒想過這一點嗎？避免坐牢的唯一辦法是馬上放了他，然後逃之夭夭。藍伯特提醒他們，他認不出他們——綁匪解開眼罩讓他吃唯一的一餐時，藍伯特聰明地避免看到他們的樣子。[15]星期天的早晨，綁匪在離藍伯特家數哩外的高速公路上放了他。直到那一刻，他都很怕綁匪會殺了他。藍伯特走到康乃迪克州格林威治鎮的一個派出所。警方在數天後抓到了綁匪。[16]面對這種危險的處境，許多人會嚇得驚慌不已，任由匪徒處置。但藍伯特一直沉著以對，注意綁匪的舉動，嘗試以各種有創意的方式解救自己。堅強、沉著，鎮定！全都是在對沖基金業出人頭地必須具備的條件！你夠堅強嗎？

私募基金業的鉅富

私募基金和對沖基金一樣，採用「二加二十」的收費結構。業者收購陷入困境的上市公司，加以整頓後再轉手賣出，賺取差價。這種操作通常稱爲槓桿收購（leveraged buyout）。

---

[15] 見註12。
[16] 見註11。

私募基金一般會將所收購的公司私有化（下市），引入新的管理層、砍掉虧損的業務、拓展賺錢的部門，數年後通常以較高的價格重新上市。做得好的話，這是利潤極高的買賣。訣竅之一是取得條件優惠的貸款。另一部分則是鑑識公司的慧眼，能找到那些沒人看好（因此可以低價購入），但加以整頓後營業利潤可大幅提升，支應融資成本有餘的企業。

　　近年來槓桿收購盛況空前，為私募基金業的老闆們帶來了鉅額獲利。像Kravis, Kohlberg, and Roberts（KKR）2007年即非常活躍，開價450億美元收購能源公司TXU Energy。創始人之一的**傑羅姆‧科伯格**（Jerome Kohlberg，身家15億美元）已離開KKR，但另外兩位創始人**亨利‧克雷維斯**（Henry Kravis）和**喬治‧羅伯特**（George Roberts）還在，兩位各有55億美元的財富。另一業者凱雷集團（Carlyle Group）的幾位創始人近年亦大發利市，包括**小威廉‧康威**（William Conway Jr.）、**丹尼爾‧德艾聶羅**（Daniel D'Aniello）以及**大衛‧魯賓斯坦**（David Rubenstein），三人的身家均約為25億美元。[17]

企業狙擊手的貢獻

　　媒體將這些私募基金業者描繪成貪婪卑鄙的傢伙，但真的是這樣嗎？私募基金宣佈收購某家公司時，該公司股價通常大

---

[17] 見註4。

漲。這是資本主義的進化過程。我們都受益於效率、生產力以及創意之提升。當然，私募基金收購的公司最終未必變得更好，有時事情難免不如人願。但收購者如不盡力而爲，很快他們自己也無法再生存下去。而那些表現不佳的上市公司，其CEO若不想公司遭收購（進而令自己失業），也會盡力改善公司的經營，以免遭淘汰。這有刺激企業生產力的效果，員工、股東以及顧客均可受惠。

責難這些金融業者賺太多，是當前的一種時髦。（媒體若熱烈議論某一類人的收入，不必懷疑，你又發現了一條很好的致富之路。）KKR的克雷維斯意外發現，自己成了一套諷刺記錄片的主角。這部片名爲《反貪戰：由亨利‧克雷維斯的房子擔綱演出》（*The War on Greed, Starring the Homes of Henry Kravis*），據稱是以「輕鬆」手法探討私募基金業的「過分行徑」。該片對比克雷維斯與普羅百姓的住處，同時詳細披露克雷維斯的收入。

克雷維斯的確超級有錢，但這不是罪過。（如果你視財富爲罪惡，你應該看別本書，比如米爾頓‧傅利曼〔Milton Friedman〕的《選擇的自由》〔*Free to Choose*〕。）該片導演羅伯特‧格林沃德（Robert Greenwald）表示：「看到這些人所賺的數目時，我眞的無法相信，以爲弄錯了。我是紐約人，我們許多人都深信某種平等主義。」[18]認同格林沃德的人認為這種高收入「不公平」。格林沃德先生如果真的想要「公平」，他應該看看古巴和委內瑞拉的情況，了解所謂的「公平」是怎樣運作的。在對沖基金或私募基金工作也不錯，有許多像亞歷斯·波克曼的人，也有許多當老闆副手而發達的人（第3章），當然也有賺高薪然後明智投資的一般職員（第10章）。

切勿違法

理財業理的是別人的財，因此切記不可違法。某些業者有時忘了這一點。騙子或許能致富，但無法持續富有。有些業者做合法生意發財，然後再騙錢，有些則靠騙錢發達。但不管是哪種都一樣，他們都不能保住財富很久。這不但非法且不道德，就生意而言也非常划不來。

違反職業倫理的行徑形形色色。我首先想到**迪克·史壯**（Dick Strong），史壯資本管理（Strong Capital Management）的前CEO。這家共同基金公司於1973年創立，一度非常興旺，如今已不復存在。2003年時，史壯在富比世400大富豪榜上排

---

[18] Andrew Ross Sorkin, "A Movie and Protesters Single Out Henry Kravis," (December 6, 2007), http://www.nytimes.com/2007/12/06/business/06equity.html ?ex=1354597200&en=18531ee4bfaf9f2d&ei=5088&partner=rssnyt&emc=rss.

第318位，財富淨值估計有8億美元。2004年他就出事了。監管當局發現，史壯用自己的戶頭炒賣他管理的共同基金。這並非明確的違法行為，但身為基金公司的執行長，偷偷做這種佔客戶便宜的事，監管機關是難以容忍的。而如果交易是基於內線消息，那可是嚴重的非法行為了。史壯正涉嫌做了這樣的事。[19]

醜聞曝光後，史壯下台，但太晚了。他的公司已經撐不下去，富國銀行（Wells Fargo）以廉價收購，公司名稱裡的「史壯」當然也被剔除。他的「問題行徑」值得嗎？當然不。據報導，他的問題交易為他賺得60萬美元。[20]這可能是近代史上代價最高昂的「盈利」。在遭罰款且公司賤價出售後，史壯的財富縮水至只有原先的一小部分，而且終身不得再涉足金融業。聲譽盡毀、掃地出門，而且財富大幅縮水。啊！

艾伯托・維拉（Alberto Vilar）的事跡也很經典，他似乎是打從一開始就有心騙人的壞蛋。維拉很能幹，但也很怪。二十多年前，我和他都開始創業時，常會在某些場合、講座、會議以及競賽碰面。我們會聊聊天。他有些地方總會讓人覺得不

---

[19] Peter Carbonara, "Trouble at the Top," *CNN Money* (December 1, 2003), http://money.cnn.com/magazines/moneymag/moneymag_archive/2003/12/01/354980/index.htm.

[20] Andy Serwer, Joseph Nocera, Doris Burke, Ellen Florian, and Kate Bonamici, "Up Against the Wall," *Fortune* (November 24, 2003), http://money.cnn.com/magazines/fortune/fortune_archive/2003/11/24/353793/index.htm.

妥——太傲慢、苛刻和奢華！他的女伴總是太年輕、太漂亮，以及太暴露。至少我太太覺得是這樣，她說維拉讓她有點「毛骨悚然」的感覺。

維拉總是吹噓自己的創業融資傑作，哪家又哪家產業龍頭當年是他幫助提供融資的，例如英特爾。這些話真假難辨，但聽起來總讓人覺得太誇張了。他還吹噓自己的家族在卡斯楚掌權前的古巴多麼富有，被卡斯楚沒收財產後變得一貧如洗。但他最親近的友人後來揭穿了此一謊言——維拉其實在紐澤西長大。[21]

維拉的投資事跡同樣多采多姿，1990年代末投資科技股的報酬也很驚人。2004年時，他在富比世400大富豪榜上名列第327位，財富淨值估計達9.5億美元。[22]但他的公司並沒有那麼大。2000年高峰時期他管理的資產也不過是70億美元，至2004年已劇跌至10億美元以下。根據本章前面那些表格分析，即使在高峰時期，維拉的財富也不可能有9.5億。但他使其他人（包括《富比世》雜誌）相信他在自己公司以外還擁有許多證券，價值遠遠超過他的公司。有些人的確如此。但富比世富豪榜的編纂人員都知道，那些亟欲上榜的人可能是有問題的，他們實際擁有的財富通常遠低於他們所宣稱的。維拉就是

---

[21] James B. Stewart, "The Opera Lover," *New Yorker* (February 13, 2006), p.108. http://www.newyorker.com/archive/2006/02/13/060213fa_fact_stewart.

[22] 見註4。

這樣。但他那時就是能讓人相信他。

維拉是狂熱的歌劇迷，也是超級贊助人，多年來估計共捐助歌劇藝術逾3億美元。[23]（不過，其中一部分——甚至是大部分——可能不是他自己的錢。）當維拉那些偏重科技股的基金在網路泡沫爆破後損失八成資產後，他答應大都會歌劇院（The Metropolitan Opera House）數以百萬美元的捐款遲遲未能兌現。（歌劇院甚至已將大樓以維拉命名！）當局展開調查，2005年以涉嫌郵件詐欺（mail fraud）起訴他。聲稱在自己公司以外投資有道而超級富有的維拉，此時拿不出1,000萬美元的保釋金。[24]我個人認為，他宣稱擁有的財富，多數和他的古巴背景一樣純屬虛構——並非杜撰的那部分，他都拿去贊助歌劇了。

相關訴訟仍在進行中，維拉被指控偷客戶的錢贊助歌劇！這官司看來很難打下去，因為被告已身無分文，贏了官司也拿不到錢。維拉的表演或許不如專業歌劇演員，但也足以讓他享受了很多年的奢華生活。和我結婚已38年的太太還是很好奇，他那些穿著火辣的年輕女友現在怎麼想。這一行還有更多的維拉。不要成為他們的一員！

---

[23] 見註21。

[24] "Two Advisers Defrauded at Least 8 Clients, S.E.C. Says," *Bloomberg News* (November 12, 2005).

真正的惡棍

維拉型的壞蛋在東窗事發前或許可以短暫名列富比世400大富豪榜，但為非作歹的人多數在此之前早已落網。法蘭克·古塔多利亞（Frank Gruttadauria）就是一個好例子。他目前正在坐牢，罪行包括偷客戶的錢（金額可能高達3億美元）、做偽證、妨礙司法、行賄、勒索，以及潛逃！

法蘭克是雷曼兄弟的克里夫蘭分行經理，基本上他操作一個龐茲騙局（Ponzi scheme），主要以老人家為目標。十五年來，客戶存進來的錢都被他轉到虛構的人頭戶中！客戶一直懵然不知，因為法蘭克偽造對帳單，讓客戶看到誇大的金額。當對帳單一直顯示資產大幅增長、毫無虧損時，誰會有不滿呢？當客戶要求提款時，法蘭克就以其他客戶的帳戶支付。在此期間，他享受奢華生活：鄉村俱樂部、滑雪渡假屋、私人飛機，以及一名情婦。[25]

> 真的，千萬不要犯法。

網路時代的來臨戳破了法蘭克的騙局。他對他的老人家客戶宣稱，雷曼兄弟並不提供網路服務。一名對網路比較熟的老婆婆對她的投資未受科技股崩盤影響感到奇怪[26]，她跟其他公公

---

[25] Charles Gasparino and Susanne Craig, "A Lehman Brothers Broker Vanishes, Leaving Questions, and Losses, Behind," Wall Street Journal (February 8, 2002), http://online.wsj.com/article/SB1013123372605057920.html?mod=googlewsj.

[26] 同上。

婆婆上網查詢自己的帳戶，發現戶頭已分文不存——儘管每月的對帳單顯示他們的投資安然無恙，某些客戶甚至還有數以百萬美元計的帳戶結餘。因為法蘭克偽造文書的時間非常久，很難估計他到底偷了多少錢——調查人員估計，他至少從50位客戶身上偷了4,000萬美元。但客戶認為他們損失更多，因為一直以來他們看到自己對帳單顯示的投資報酬非常好。[27]法蘭克被判七年徒刑。[28]橙色的囚衣真的不好看。

熱愛資本主義，別太在意社會觀感

警告：做這行可能令你遭人鄙視。像維拉與古塔多利亞這種轟動社會的醜聞還好只是例外，但這種人的存在是這行的鉅富成為好萊塢熱門題材的原因之一。社會因此對金融業者普遍存有「一群壞蛋」的印象。電視中的歹角常是富有的華爾街菁英，他們冷酷地藉由剝削普羅大眾累積驚人的財富。電影中的英雄幾乎找不到任何理財業者。好萊塢電影與流行小說多的是金融惡棍：《搶錢大作戰》（*Boiler Room*）、《美國

---

[27] U.S. Securities and Exchange Commission, "Litigation Release No. 17590," (June 27, 2002), http://www.sec.gov/litigation/litreleases/lr17590.htm.

[28] U.S. Securities and Exchange Commission, "SEC To Recover about \$4 Million in Settlements with the Girlfriend and Estranged Wife of Jailed Stockbroker Frank Gruttadauria," (January 21, 2004), http://www.sec.gov/litigation/litreleases/lr18549.htm.

殺人魔》（*American Psycho*）、《走夜路的男人》（*The Bonfire Of The Vanities*）、《A錢大玩家》（*Rogue Trader*）、《第六感生死戀》（*Ghost*），以及它們的老祖宗《華爾街》（*Wall Street*），每一部片都有華爾街無賴的角色。即便是非常好笑的《你整我，我整你》（*Trading Places*），也暗示金融業者是騙子。但實際上只有極少數業者是這樣。

如果你靠這行發跡，你可能會成為社會刻板印象中的可鄙角色。有些人或許會不喜歡你。但成功的理財業者並不是很在乎社會的認同，他們更重視資本主義制度。理財業的營運接近資本市場定價機制的核心，在競爭環境中興起或衰亡。這是成為鉅富的絕佳途徑。對此我很清楚，因為我在圈內打滾了一輩子。這是一個助人致富，自己也一併發財的奇妙世界。這是你可以引以為榮的世界。不過這也是許多人認為你不應該得意的世界。如果你跟愛德華·藍伯特一樣堅強，但不會變成艾伯托·維拉那樣的壞蛋，而且希望頗輕鬆地致富，像多數富豪那樣賺大錢，我個人認為，理財業可能是最理想的途徑。

理財業致富指南

　　理財業是相當可靠的致富之路，你只需要跟隨以下簡單指南即可。

1. **熱愛資本主義和自由市場**。許多人——甚至包括誤入歧途的華爾街人士——認為資本主義制度是錯誤的、有病的或殘酷的。錯！社會要創造並累積財富，沒有比資本主義更好的制度。是的，的確會有贏家與輸家，但資本主義並非零和遊戲：你賺的每一塊錢並不一定是另一個人的損失。資本主義下人人有機會，如何把握就看各人的作為了。沒有資本主義就不會有自由市場，而沒有自由市場，就不會有理財業。因此，熱愛這個制度吧。

2. **招攬客戶**。你必須有推銷的本領。你可以靠人轉介客戶，也可以直接向潛在客戶推銷，兩者皆行得通，也可以兩者並行。直接推銷的話，你得面對面遊說潛在客戶，看能否說服他們。有很多人看過我公司的廣告，可能是DM、網路廣告、電台、報紙或電視廣告。很多人會覺得公司做太多廣告，產品一定好不到哪裡去。這麼想的人其實並沒有想得通透。不信跟寶僑（P&G）講講看。你所選用的行銷管道跟你實際如何服務客戶一點關係都沒有，從來都是如此。

　　尋求轉介則是指找人介紹朋友或認識的人，通常的做法是致電會計師和遺產規劃律師，他們可能有需要你服務的客戶。

3. **留住客戶**。留客有兩大重點——業績表現與客戶服務。

　a. **業績表現**。求表現並不是指每天、每週或每年都要大幅超越市場表現。重點在於將客戶的期望報酬率控制在實際可行的範圍內，然後達成或超越客戶的期望。聽起來很容易？錯！客戶通常期望過高，希望不冒風險即能享受很高的投資回報——真是發夢。設定合理期望是客戶教育的基本內容，原則不外乎「承諾低一點，表現好一點」（underpromise, overperform）。

　　記住，不要承諾過高的投資報酬。許多理財業者——特別是新業者——為了搶生意，可能會誇大客戶能期望的報酬率。如果你這麼做，未來很可能會令客戶失望，並因此大量流失客戶。

　　超越客戶期望將有助留住客戶，並能幫助客戶，避免他們做一些蠢事，譬如在市場已過熱時買進燙手山芋。

　b. **客戶服務**。如果你投資表現很好，但不太關心你的客戶，那些懂得關心客戶的同業將搶走你的生意。在理財業做了36年後，我認為投資表現無疑很重要，但成功一半靠投資表現、一半靠客戶服務。（如果換個說法，那麼還有一項很重要，即銷售與行銷。）太多人認為業績或服務只要做好其中一樣就行了，但光靠業績或光靠服務都是不夠的。客戶服務並不是接聽客戶電話就行。服務越是優質、體貼，越能留住客戶。

了解你的客戶，並明白他們的需求。客戶希望你多久跟他通話一次，每季、每月，還是每天？找出答案，承諾某一服務水準，然後做得比承諾的更好。留住客戶對你比較有利。多數理財業者都為高客戶流失率而困擾。我的公司能成功，部分原因在於客戶流失率異常地低。

4. **切勿違法**。理財業是受監管的行業，非法行徑可能招來牢獄之災。但即使你沒被抓到（或者你只是扭曲了某些規則），你也很可能並未提供客戶最好的服務。請重溫上一步——「留住客戶」。

5. **讓員工各有專精，盡展所長**。理財業者身兼多職，不但是推銷員、客服員、交易員，還兼任行銷與研究。他們不但得盯住螢幕，還得看著員工與相關人等。他們可能是一名經理或CEO！有這麼多事要兼顧，你真的還能及時掌握全球市場與經濟動態，並做出準確預測？

推銷員不應管投資，盯市場的就不用負責推銷，客服人員不準插手研究。最好的營運模式職責分明，每一個人各有專精，能盡展所長。要在理財業爬到最高點，你必須兼具所有技能，至少每一樣都必須做過，有能力指揮各部門人員。這是非常高的要求，但也解釋了為何這一行出產了最多的美國富豪。

8 創造收入源

你的創造力很豐富？
還是完全沒有創造力？
不管怎樣，或許你都能走這條路。

你能創造一個源源不絕的收入源嗎？我指的並不是當一個發明家——雖然這也行得通。我要說的是如何讓你創造、擁有或註冊專利的某一樣東西成為你的搖錢樹，為你帶來有如年金的現金流。一個小器具、一本書、一首歌、一部電影，甚至是一段經歷，都可能成為你的收入源。

是否曾想過「如果有這樣一種東西就好了，生活將因此更美好」？然後就有人發明「這樣一種東西」，改變了世界，自己也因此成了富翁！為什麼那不是你呢？真正的財富來自權利金，權利則可以是自己註冊的專利，也可以是經由授權取得。

當人們不斷重複使用你擁有權利的某樣東西時，你就能獲得源源不絕的權利金收入。這是極少數作家致富之道，而成功的歌曲創作者，如第4章所述的嘻哈巨星們，也是靠版權收入賺進大把鈔票。

真正的發明家

當然，世上有真正的「發明家」，他們發明的東西驚天動地——例如個人電腦和小兒麻痺疫苗，改變你我的生活，無法想像沒有這些發明日子該怎麼過。當然也有一些發明比較平常，但也是日常生活必備的。關鍵在於註冊專利，這樣你發明的東西每有人使用或賣出一件，你都能分到錢。

便利貼（Post-it）是源自日常生活的一個小發明，但創造非常大的收入。人們談到典型的成功發明家時，常誤舉便利貼發明者**亞瑟‧傅萊**（Arthur Fry）與**史賓賽‧席佛**（Spencer Silver）為例。傅萊是3M的化學家，也是教會唱詩班的成員，想找一個方法把紙片貼在他的歌本上，以便翻閱。他用了同事席佛的黏貼劑後覺得恰到好處——黏得住紙片，撕走時又不會損壞歌本。瞧，流行文化的一個標誌由此而生！[1]但他們並

---

[1] *3M History*, "The Evolution of the Post-It Note," http://www.3m.com/intl/hk/english/in_hongkong/postit/pastpresent/history_tl.html.

沒有因此爲自己創造收入源。身爲3M的職員，他們的發明是
「工作當中產生的產品」，權利歸公司所有。他們很可能因此獲
得公司所發放的一筆豐厚獎金，但並未爲自己創造一個未來的
收入源。光「發明」是不夠的。

發明？行銷？兩樣都做！

　　註冊專利也不能保證財源滾滾。擁有專利的人多的是，各
式專利數以千萬計！要創造收入源，你的發明必須像便利貼那
樣，可廣泛應用，同時還必須能掌握未來。成功的收入創造者
富企業家精神，能有效行銷自己的發明。行銷至關重要，因爲
你如果不能宣揚產品的好處，你的發明將沒沒無聞。你必須將
訊息廣泛傳播，講一個具說服力的故事，或是請一個具說服力
的名人代言，像發明之父**朗恩‧波沛爾**（Ron Popeil）。朗恩仍
時常出現在晚間電視時段，精力充沛地向失眠的觀衆推銷各種
產品。

　　波沛爾十多歲時經常到芝加哥西區的跳
蚤市場去，不是去購物，而是去觀察攤販如
何賣東西。他應用跳蚤市場的銷售技巧，
在Woolworth's賣廚房與家居器具，一週可
賺1,000美元——在1950年代，這對一位販賣攪拌機的少年來
說是極高的收入。（相當於今天的7,500美元，換算成年薪是39

> 產品行銷至關重
> 要，即使產品就是
> 你本人亦然。

萬美元！）還記得第7章講的嗎？學會推銷眞的非常有價值。波沛爾接著開始在跳蚤市場和嘉年華會賣起他自己的俗氣發明來，一路磨練叫賣技巧。

然後他開始轉戰當年還算是新媒體的電視，花550美元拍了自己的第一個電視廣告。十年後，他的事業已完全建基於電視。波沛爾1964年創立Ronco公司，全力投入發明與銷售業務。他創造了Veg-O-Matic，可完美地將洋蔥切絲，而且完全不會被洋蔥味嗆得流淚。他也發明了Pocket Fisherman，一把便於收納、功能齊備的釣竿。放一把在車上，當你駕車經過鱒魚池時，就不必咒罵：「討厭！手邊如果有一根釣竿就好了！」（我媽媽買了一把，後來又爲我們兄弟每人買了一把。）

波沛爾發明了很多古怪的玩意，像是用一根針刺進生蛋中的電動打蛋器（Inside-the-Shell Egg Scrambler）、無煙煙灰缸（Smokeless Ashtray）、食物電動脫水器（Electric Food Dehydrator）以及萬能開蓋器（Cap Snaffler）。最後這一項，我完全不知道「snaffling」是什麼意思，但顯然是針對各種蓋子而設的。正如朗恩常講的：「眞的非常非常好用！」（It really really works!）他不但發明這些創意十足的產品，還創造了許多經典台詞，成爲資訊型廣告（infomercial）現今仍常用的廣告詞。例如，他會逗笑地說：「等等！不只如此喔！」他會敦促觀眾趕快打電話購買，因爲「接線生都準備好了耶」。他會對主婦們說產品很好用，「裝好之後一切免操煩！」（set it and forget it）。在強調價格優惠時常說：「好，現在你願意付多少錢呢？」他也以低額的分期付款方式吸引觀眾購買。一個萬能開蓋器或許不值160美元，但分四期，每期只要39.95美元，誰會付不起啦？

　　但他真正的發明其實是資訊型廣告——「波沛爾」幾乎就是這種長篇電視廣告的代名詞，這種行銷工具真是讓廠商賺翻了。波沛爾的產品雖然可愛，但並不是真的那麼了不起。誰會需要一個佔地方的洋蔥切割器？刀子不就行了嗎？還可以很方便地收進抽屜咧。但波沛爾的天才在於能化腐朽為神奇。他出名到成為電視節目模仿搞笑的目標。喜劇演員丹‧艾克洛德（Dan Aykroyd）在《週末夜現場》（*Saturday Night Live*）中曾把一條魚放進攪拌機裡，誇耀將鱸魚（bass）打碎成汁可以加強吸收維他命，稱這種做法是「Bass-O-Matic」（開洋蔥切割器Veg-O-Matic的玩笑）。另一名演員**洛倫‧紐曼**（Lorraine Newman）則在一旁歡呼：「真是好鱸魚！」

　　波沛爾身家超過1億美元。[2] 仿效波沛爾致富的最佳方式是集中精力尋找行銷產品（任何東西都可以）的有效途徑。你也

---

[2]　Stacy Perman, "He Invents! Markets! Makes Millions!," *BusinessWeek* (October 3, 2005), http://www.businessweek.com/smallbiz/content/oct2005/sb20051003_862270.htm.

可以創造流行的新台詞，成爲《週末夜現場》的模仿目標。

寫作致富

　　成功的作家多數發不了財。賣得好的書很少，絕大多數賣不了一萬本。假設你的書賣一萬本，每本20美元，版稅收入可能是每本2美元。作者辛苦大半年，也只有2萬美元，只能繼續過清貧的生活。一小部分書比較好賣，比如講股票投資的書，那也是我大部分著作的類型。超級好賣的股票書多年下來可以賣出20萬本，但這種書一年最多只有兩本左右。賣得這麼好會登上《紐約時報》的暢銷書排行榜，就像我2007年的著作那樣。即便如此，40萬美元的版稅收入仍不足以讓一個人富有，而且這還沒扣除相關的推銷成本呢。

　　寫出名堂來的作家多數會打鐵趁熱，希望接二連三地推出暢銷書，然後靠明智投資（第10章）致富。像**詹姆斯‧米契納**（James Michener）這種才氣縱橫、題材宏闊的大作家，成功的程度是十分罕見的。如果你也有這樣的本事，你可能會成爲作家中的貝比‧魯斯（Babe Ruth）。浪漫小說家若能長期名列前十大，一輩子可攢得500萬至3,000萬美元。我爲什麼會知道？因爲其中兩位是我的客戶。但也就是這樣而已，非常好，但沒有好到嚇人。

除非你的賺錢方式有所轉變。例如，**史蒂芬金**的作品《鬼店》（*The Shining*）從改編電影，以及之後的重拍、前傳、續集、前傳與續集的重拍、重新發行、特別 DVD 套裝等等，為他賺進源源不絕的權利金。像《克麗絲汀魅力》（*Christine*）、《站在我這邊》（*Stand by Me*）、《禁入墳場》（*Pet Sematary*〔沒錯，英文原名是故意拼錯字的〕）、《刺激1995》（*Shawshank Redemption*）以及《綠色奇蹟》（*The Green Mile*）也是，這還只是幾個例子而已。史蒂芬金其實二十年前就可以退休並享受他的鉅富了。他的著作版稅收入還可以，但遠不如影視授權收入那麼好賺。每次他那令人毛骨悚然的故事改編成電影或電視劇集，以及隨後片子不斷地在 Netflix 租出，都為他帶來非常可觀的收入。他寫作時是刻意遷就電影改編的便利性嗎？不曉得，但他肯定逐漸顧及改編需求，讓自己的小說便於拍成兩小時左右的電影。

如果說史蒂芬金是寫作之王，那麼 **J.K. 羅琳**便是寫作之后了（順帶一提，羅琳比英女王還富有）。羅琳創造了哈利波特的魔法世界，以及魔法般的收入源。光是哈利波特電影系列的票房總收入即已高達35億美元，而且還有兩集仍待推出。羅琳目前財富約為10億美元，在全球富豪榜上排名

> 想想如何讓作品為自己賺錢。

第1,062位。[3]羅琳的書仍持續有銷路，但她的大部分收入其實來自電影、DVD、無數的哈利波特便當盒、運動鞋、背包、公仔、滑板、海報、鉛筆、萬聖節裝扮、紙盤、睡衣等等，真是想得到的都有。或許你會覺得這只是單調無趣的小孩子玩意，但上面有哈利波特嘛，羅琳自己也有收藏。一個普通便當盒的零售價約為5美元，但只要印上哈利波特和他的朋友們，就可以賣25美元。讓作品為自己賺錢，就是要這樣做！

如果你有寫作才華，又想發財，想一想便當盒生意吧。寫完這本書後，我下一本書的大綱已經定好。這一次將是一本歷險小說，主角是幾個十歲的小孩，他們偷了壞蛋鄰居的錢，被抓到、逃走，然後轟動國際間諜界，從壞人手上拯救世界，同時還艷遇連連（我會寫得含蓄點），對象全是性感的小女孩。書名就叫《The Ten Roads to Recess》，我會把主角的肖像印到美國的每一個便當盒上。啊，開玩笑而已！但真的，如果你能好好想想「便當盒」，計劃好長做長有的相關商品生意，你賺大錢的機率會大幅提高。

你不必像羅琳那麼成功。像**海倫‧費爾汀**（Helen Fielding），她模仿珍奧斯汀小說的橋段，一本小作品《BJ單身日記》（*Bridget Jones's Diary*）就賣個滿堂紅。珍奧斯汀是作

---

3 "The World's Billionaires: JK Rowling," *Forbes* http://www.forbes.com/lists/2008/10/billionaires08_Joanne-(JK)-Rowling_CRTT.html.

家終身未能發財的又一個顯例。費爾汀則幸運多了，BJ系列著作、電影以及Netflix租片等各方面的所得，可爲她帶來多年的豐厚收入。雖然遠遠比不上羅琳，但以多數人的標準衡量已經夠有錢了。對絕大多數作家來說，寫作是心愛的工作，並非致富的途徑。就我個人而言，我已經很有錢了。我熱愛自己的日常工作，我就是靠它致富的。我寫作是因爲我喜歡寫，這也是多數作家寫作的正確理由。（我講得這麼明白，或許有點殘酷，但也是想助你選一條更多財富的路。）除了羅琳，沒有人是純粹靠著寫作登上富比世的億萬富翁榜的。這並不是說你不能投入寫作並致富，只是想告訴你，光靠寫作是不足以讓你超級有錢的。

音樂致富之路

　　音樂方面，寫歌要比唱歌好。拼湊幾句順口的歌詞，配上悅耳的曲子就行了。歌手出專輯時會獲得一次的收入，另外開演唱會時可以分得門票收入。他們需要用不盡的才藝（第4章），但沒有收不完的未來收益。這就是爲什麼就算是**惠妮休斯頓**這樣的巨星也可以變得很窮（這跟毒癮也有關係），以及爲何**芭芭拉・史翠珊**（Barbara Streisand）每隔幾年就要動身到各地巡迴演唱。她們都欠缺未來收益。

　　部分歌手也寫歌，但許多富有的創作人完全不表演（或很少表演），因此不必承受幕前明星的個人壓力，事業也通常比歌手來得長久。詞曲作者的才華未必勝過作家，但收入卻可能遠遠超過許多作家。例如，**丹妮絲・里奇**（Denise Rich）從不演唱，但幾乎比所有不寫歌的歌手都來得富有。不可否認的是，她的財富來自兩方面：她自己的音樂創作事業，以及嫁了個有錢人（第5章）。丹妮絲的老公是超級有錢的**馬克・里奇**（Marc Rich，身家15億美元）[4]，兩人後來離婚。

　　馬克・里奇是大宗商品交易員，前總統柯林頓夫婦的朋友，曾為躲避逃稅控罪而逃離美國，柯林頓任內最後一天特赦了他。[5]丹妮絲除了因為與馬克的婚姻而獲得財富外，自己的音樂創作事業也非同小可，曾獲葛萊美獎提名。舉幾個例子，她曾為以下歌星寫歌：艾瑞莎・富蘭克林（Aretha Franklin）、瑪麗・布萊姬（Mary J. Blige）、席琳・狄翁（Celine Dion）、黛安娜・羅絲（Dianna Ross）、唐娜・桑瑪（Donna Summer）、路瑟・范德魯斯（Luther Vandross）、馬克・安東尼（Marc Anthony）以及娜塔莉高（Natalie Cole）。[6]她目前創作不輟，

[4] Matthew Miller, "The Forbes 400," *Forbes* (September 20, 2007), http://www.forbes.com/2007/09/19/richest-americans-forbes-lists-richlist07-cx_mm_0920rich_land.html.

[5] The Staff, "Interview with Morris 'sandy' Weinberg, Esq," *Jurist* (March 7, 2001), http://jurist.law.pitt.edu/pardonsex8.htm.

[6] Denise Rich, "Denise Rich Biography," http://deniserichsongs.com/drs/bio.

仍為曼蒂・摩爾（Mandy Moore）與潔西卡・辛普森（Jessica Simpson）等新星寫出許多熱門歌曲。她寫的歌獲錄成唱片、重錄、翻唱、選入精選輯，每天還在電台播出，而她每次都可以收到錢。演唱者則只能收一次錢！寫歌真的比唱歌好。

　　寫歌可以賺到多少錢？美國政府規定，每售出一首歌，寫歌人可以得到0.091美元。因此，如果你寫了一首歌，收進某張賣出100萬張的專輯，即可得到9.1萬美元。如果你包辦整張專輯，例如共12首歌，那麼你可以拿到超過100萬美元。此外，歌曲每一次在電台播出、為電視或電影所選用或有人下載，寫歌的人都能拿到錢。[7] 每一次！從為雪橇姐妹（Sister Sledge）所寫的第一首冠軍歌曲「Frankie」，一直到在美國歌曲節（American Song Festiva）獲獎，丹妮絲・里奇累積了1.25億美元的財富。[8]（有志於此者可上MusesMuse.com與SongWriter101.com，這兩個網站提供競賽、音樂節以及經紀人相關資料，你可以找到途徑發表自己所寫的歌，贏得金錢或讚譽，或兩者兼得。）

---

[7]　"Making Money with Your Music," *Taxi.com* http://www.taxi.com/faq/makemoney/index.html.

[8]　Alison Leigh Cowan, "Ex-Advisor Sues Denise Rich, Claiming Breach of Contract," *New York Times* (August 17, 2002), http://query.nytimes.com/gst/fullpage.html?res=9502EED7153DF934A2575BC0A9649C8B63.

　　這不需要表演或其他才藝，只需要一些簡單技巧，能創造簡單旋律與富詩意的悅耳歌詞。接下來就看你的推銷能力了，首先得找到願意錄製你作品的歌手。和許多其他致富之路一樣，音樂創作者的難處在於推銷。在歌曲獲歌手錄唱後，你還得繼續推銷，以提高你的歌未來持續獲選用的機會。有志於靠歌曲賺錢的創作人，跟任何商品的經銷商都是很相似的。

　　許多音樂創作人是長青樹。理查‧羅傑斯（Richard Rodgers）與奧斯卡‧漢默斯坦（Oscar Hammerstein）並不在幕前演出，但創作了二十世紀一些最令人難忘的歌曲。艾文‧柏林（Irving Berlin）、傑利‧赫曼（Jerry Herman）、史蒂芬‧桑坦（Stephen Sondheim）與**安德魯‧洛依‧韋伯**（Sir Andrew Lloyd Webber，身家16億美元）[9] 都靠音樂創作建立起大事業（並賺進大把鈔票）。沒錯，**尼爾‧沙達卡**（Neil Sedaka）有時會演唱自己寫的歌，但他更重要、更賺錢的工作是歷時數十載的歌曲創作事業，船長與塔妮爾（Captain & Tennille）大受歡迎的「Love Will Keep Us Together」就是他的作品。**卡洛金**（Carole King）和沙達卡一樣，也唱一些歌，但寫的更多，歌星鮑比維（Bobby Vee）、艾瑞莎‧富蘭克林、達斯汀‧史普林

---

[9] "Mr. Music, Back to His Old Haunts," *Sydney Morning Herald* (April 29, 2008), http://www.smh.com.au/news/arts/mr-music-back-to-his-old-haunts/2008/04/28/1209234762134.html.

菲（Dusty Springfield）與芭芭拉・史翠珊都唱過她寫的歌，詹姆斯・泰勒（James Taylor）大紅的「You've Got a Friend」也是她的作品。卡洛金六十多歲時仍創作不輟。

相對於演藝明星，音樂創作更像一門生意、自毀可能性低得多、更賺錢、更持久，而且事業更能規劃。本書編輯認為這一節應放在名利雙收那一章，歸入才藝明星那一節，但我不同意。創作人名氣通常不大，但往往比才藝明星有錢得多。你不必早早入行，也不必有表演才華。我覺得這一節放在這裡比較恰當，因為他們提供了創造收入源的絕佳例子。

繁殖現金

在這條路上，**喬治盧卡斯**（身家39億美元）[10]的賺錢能力無人能比，真像他創造的角色絕地大師（Jedi Master）那麼厲害。盧卡斯也是一名自食其力的創業型CEO。他編導的《美國風情畫》（*American Graffiti*）叫好叫座，還獲得奧斯卡金像獎。但隨後他的創作路向劇變。沒錯，他推出了《星際大戰》（*Star Wars*）。他拍這部片時，開創了電影導演創造收入源的先河。盧卡斯為說服二十世紀福斯公司拍攝《星際大戰》，提出免收導演費，條件是票房收入的40%以及全部的商品權

---

[10] 見註4。

（merchandising rights）歸他所有。對福斯來說，如果盧卡斯這部適合小孩子看的科幻電影不賣座，公司不會嚴重虧損。而商品權又算得了什麼？沒有人靠這玩意賺錢。福斯因此同意了盧卡斯的條件。

盧卡斯創造了尤達（Yoda）、死星（Death Star）以及武技族（Wookie），但他更值錢的發明無疑是電影商品生意（movie merchandising）。在盧卡斯創作《星際大戰》之前，電影並沒有衍生那些玩偶、便當盒、公仔，以及噱頭十足的各式週邊商品。盧卡斯和他的夥伴**史蒂芬史匹柏**（身家30億美元）發前人所未見，開創了電影角色商品化這門大生意。他們發現，小孩子會喜歡買些四吋的塑膠公仔，重演他們喜歡的電影情節。收入源創造者的核心業務就在這裡。

> 想賺大錢？想想還有什麼東西是別人還沒商品化的。

JK羅琳與史蒂芬金都做這種生意，波沛爾以至丹妮絲里奇亦然——他們都創造了一種別人願意付錢擁有的經歷。只要有足夠的創造力，你也可以像他們一樣。想想有哪些東西是別人未曾商品化的吧。

你可以走發明、音樂創作或為電影寫作這些傳統之路，但做得跟前人稍微不同，同時一定要保留全部的未來收益權。你也可以別出心裁，像盧卡斯那樣開創新的生意模式，透過網際網路、手機或者是我們目前還想不到的平台運作。這是你自己要去想的，不是我。

這當中有無限的可能。我的建議是，目標市場應盡可能廣闊，適用的商品越多越好。要不就得是某些獨特的產品，這些產品對人們廣泛需要的某些東西是必不可少的。你的領域越窄，路也就越窄，能賺的錢也越少。

「卸任總統」超好賺！

想擁有真正廣闊的目標市場嗎？想不貢獻任何經濟效益就收入不斷嗎？從政吧！這條路走得好的話，納稅人會給你財富，而你實際上不必有任何回報！事實上，政客整體而言完全看不出有能力為我們的經濟貢獻些什麼。絕大多數政客從未走上任何致富之路（除了跟有錢人結婚，以及少數的原告律師）。極少數政客曾建造、發明、創作、領導、生產、管理、改良或創造過任何東西。儘管如此，多數政客都為自己創造了收入，結果變得很有錢。

我不期望你能成為美國總統，但讓我們看看**柯林頓夫婦**的例子。我希望你能了解從政生涯如何為他們帶來大筆財富。他們離開白宮時，基本上處於破產狀態，但現在已累積了3,490萬美元的財富。[11]他們是怎麼辦到的？入主白宮前，柯林頓夫

[11] Marlys Harris, "Millionaires-in-Chief," *CNNMoney* http://money.cnn.com/galleries/2007/moneymag/0712/gallery.candidates.moneymag/index.html.

婦後沒有賺過大錢。比爾‧柯林頓在財務方面從未有過了不起的成就，而希拉蕊也只是小地方的律師，成就普通，執業生涯因為必須配合丈夫的競選日程而斷斷續續，後來更因成為第一夫人而中斷。她執業的最後一年，收入也不過20萬美元。[12]柯林頓當州長的年薪也只有3.5萬美元。[13]如果他們將稅前收入的一半存起來（果真如此會挺拮据的）並明智投資，那麼入主白宮前，他們也只能存下360萬美元左右。

當上總統後，柯林頓年薪20萬美元，外加福利與津貼。[14]但他們麻煩不斷，從總統彈劾案、接連的桃色風波到搞砸了的白水房地產開發案，以至希拉蕊遭人質疑的肉牛期貨交易獲利、差旅門（Travelgate）、檔案門（Filegate），以至另外的12,772宗其他「門」，令他們耗費鉅額律師費。柯林頓卸任總統時，積欠的律師費高達約1,200萬美元。[15]如果他們將柯林頓的收入存一半起來並明智投資，加上我們樂觀估計的上任前儲

---

[12] Stephen Labaton, "Rose Law Firm, Arkansas Power, Slips As it Steps onto a Bigger Stage," *New York Times* (February 26, 1994), http://query.nytimes.com/gst/fullpage.html?res=9A05E2DB163AF935A15751C0A962958260&sec=&spon=&pagewanted=all.

[13] The Council of State Governments's Survey January 2004 and January 2005.

[14] Dan Ackman, "Bill Clinton: Good-Bye Power, Hello Glory," *Forbes* (June 25, 2002), http://www.forbes.com/2002/06/25/0625clinton.html.

[15] John Solomon and Matthew Mosk, "For Clinton, New Wealth in Speeches," *Washington Post* (February 23, 2007), http://www.washington-post.com/wp-dyn/content/article/2007/02/22/AR2007022202189.html.

蓄，那麼扣除積欠的律師費後，他們離開白宮時至少仍淨負債300萬美元以上！[16]

　　那麼，從負債三百多萬到存下三千多萬，柯林頓夫婦如何辦到？答案很明顯，自2000年以來，他們出書以及演講的收入高達1.09億美元[17]，存下一部分就行了。真的很少有比「卸任總統」更賺錢的職業。演講一次就能拿到15萬美元！[18]而這都是納稅人造就的。

說不盡的好處

　　美國國會1958年通過卸任總統法（Former President Act），給予卸任總統按通膨調整的終身俸——現在是每年18.66萬美元，而且免稅！[19]換算成稅前收入即是31.1萬美元。要產生這樣的收益，你必須擁有一個接近800萬美元、管理得當的資產組合。除此之外，卸任總統還享有「保障」以及終身的「辦公

---

[16] 假設他們1979至1992年間每年存起一半收入，即117,500美元，然後1993至2000年間每年存100,000美元，年均報酬率假定為10%。

[17] Ken Dilanian, "Clinton's Income: $109M since 2000," *USA Today* (April 4, 2008), http://www.usatoday.com/news/politics/election2008/2008-04-04-clinton-income_N.htm.

[18] 見註15。

[19] Stephanie Smith, CRS Report for Congress, "Former Presidents: Federal Pension and Retirement Benefits," (March 18, 2008), www.senate.gov/reference/resources/pdf/98-249.pdf.

補助」──一名職員以及「適當的」空間（即舒適的空間）。這些都是錢。2007年，卸任總統的全部支出花了納稅人290萬美元。[20]換句話說，我們三位前總統每人獲得96.7萬美元！完全免稅！！換算成稅前所得就是每人160萬美元，需要一個逾4,000萬美元管理得當的資產組合才能產生這樣的收益。

在2008年財政預算中，柯林頓前總統的份額增至116.2萬美元[21]（稅前為190萬，需要一個4,800萬的資產組合）。除例行俸給外，卸任總統還能獲得「過渡期」補貼，以助他們回歸「現實」生活。那是多少？2001年國會撥給柯林頓夫婦的額外補助為183萬美元（免稅）。[22]

但卸任總統自己生財有道。例如，他們可以受薪出任公司董事，數目不限。**傑拉德·福特**（Gerald Ford）在這方面特別在行（他也靠演講賺了很多錢──說起來真妙，一位遭選民唾棄、未能連任的前總統，在任時也不見得有多少人喜歡聽他講話，卸任後忽然很多人需要他）。卸任總統也可以簽訂諮詢合約，成為受薪的顧問，就像柯林頓替億萬富翁**朗恩·柏克**（Ron Burkle，身家35億美元）[23]服務那樣。聘請卸任總統為顧問，顯然是為了方便政治遊說。論人脈，沒人比得上前總統。

---

[20] 同上。
[21] 同上。
[22] 同上。
[23] 見註4。

總結一下：柯林頓夫婦 2001 年搬離白宮時至少淨負債 300 萬美元（很可能不只如此），七年後已累積了 3,500 萬美元的財富。

如果你當不了總統⋯⋯

但有本事競選總統並勝出的人極少。不過這不妨礙你為自己創造一份政治終身俸——當一名國會議員吧！起薪是每年 16.93 萬美元（2008 年的價碼）。[24] 沒有多了不起，但在美國也算很好了，只有 4% 的人收入比你高[25]，而且你真正的財富還在後頭呢。還有，你在國會其實可以什麼事都不做。當然啦，想多賺一點的話，你得忙碌一些。若能佔得某個領袖角色，你的年薪即可增至 18.35 萬美元。眾議院議長的年薪則是 21.74 萬美元。[26] 南希・裴洛西（Nancy Pelosi）的收入可真不賴！（南希身家 8,600 萬美元，是眾議院第九富有的議員！）[27] 此外，國會

---

[24] Ida A. Brudnick, "Salaries of Members of Congress: A List of Payable Rates and Effective Dates, 1789-2008," *The Library of Congress* (February 21, 2008), http://www.senate.gov/reference/resources/pdf/97-1011.pdf.

[25] U.S. Census Bureau 2006.

[26] "Salaries for Members of Congress, Supreme Court Justices, and the President," *National Taxpayers Union* (January 2008), http://www.ntu.org/main/page.php?PageID=23.

[27] "Nancy Pelosi (D-Calif) Personal Financial Disclosures Summary: 2006," *OpenSecrets.org* http://www.opensecrets.org/pfds/CIDsummary.php?CID=N00007360&year=2006.

議員每年還可按生活成本調整所得。他們也享有醫療福利以及很不錯的退休金——目前約值150萬美元，而他們擔任議員滿五年（三場選舉而已）就可以享受這種福利。[28]

無聊的話，你可以上參議院撥款委員會的網站（http://appropriations.senate.gov/senators.cfm）瀏覽每一位國會議員公開的財務資料。資料貧乏得很，許多議員估計只填報「概況」。但也有一些議員公開的資料長達三百多頁，他們將財富轉移給配偶，以加強自己的親民形象。為什麼他們不能自己擁有財產，非要把財富弄得像是見不得人那樣呢？若不想自己看得心煩意亂、混淆不清，建議你上另一個很有意思的網站OpenSecrets.org。這個網站為你追蹤每一位議員的經費來源，助你了解議員背後的金主來自何方。該網站為你概括這些政客所公佈的個人財務資料，同時還提供許多有趣的細節。

無法解釋的政治財富

有一個問題一直以來總讓人想破頭：政客的財富是怎麼來的？許多政客除從政外從未有過其他工作，但還是累積了不少財富。絕大多數議員對GDP從未有任何直接貢獻，但卻相當

[28] Patrick J. Purcell, "Retirement Benefits for Members of Congress," *Congressional Research Service* (February 9, 2007), http://www.senate.gov/reference/resources/pdf/RL30631.pdf.

富有。當然有例外的情況。例如第二富有的參議員**赫伯‧科爾**
（Herb Kohl，威斯康辛州—民主黨），財富約為2.25億美元[29]，
多數源自他曾勞心勞力的家族事業——科爾雜貨與百貨商品。
又或者是**米特‧羅姆尼**（Mitt Romney），共和黨的前麻薩諸塞
州州長，身家2.02億美元。[30]他曾創立一家顧問公司，生意做
得很成功，後來賣掉了。至於參議院最有錢的傢伙**約翰‧凱瑞**
（麻州—民主黨，身家3.14億美元）[31]，我們已經講過他的錢從
何而來。他基本上是靠結婚賺來的，兩次都娶了超級富有的太
太！政客跟有錢人結婚是很常見的事。最富有的眾議員**珍‧哈
曼**（Jane Harman，加州—民主黨，身家5.97億美元）[32]也是靠
結婚致富。**約翰‧馬侃**也是。

但政治人物多數是職業政客或前律師。例如，參議員**杰
夫‧賓格曼**（Jeff Bingaman，新墨西哥州—民主黨，身家

[29] "Herb Kohl (D-Wis) Personal Financial Disclosures Summary: 2006," *OpenSecrets.org* http://www.opensecrets.org/pfds/CIDsummary.php?CID=N00004309&year=2006.

[30] 見註11。

[31] "John Kerry (D-MA) Personal Financial Disclosures Summary: 2006," *OpenSecrets.org* http://www.opensecrets.org/pfds/CIDsummary.php?CID=N00000245&year=2006.

[32] "Jane Harman (D-Calif) Personal Financial Disclosures Summary: 2006," *OpenSecrets.org* http://www.opensecrets.org/pfds/CIDsummary.php?CID=N00006750&year=2006.

2,400萬美元[33]）1983年當選參議員前即是一名律師。他1968年
自史丹佛法學院畢業，十年後成了新墨西哥州的首席檢察官，
自此之後一直從政。他的律師執業生涯那麼短，不太可能累積
到那麼多財富。

一度有望代表共和黨出戰總統大選的**魯迪・朱利安尼**
（Rudy Giuliani），職業生涯大部分時間是當公務員。在短暫擔
任地方檢察官後，朱利安尼26歲即出任聯邦檢察官，最終升
至司法部助理部長（Associate Attorney General），這是美國司
法部第三把交椅。後來他還曾擔任負責紐約南區的聯邦檢察
官，以及，當然啦，紐約市長——年薪19.5萬美元。很不錯
的薪水，但曼哈頓的生活開銷貴得要命，他怎麼可能累積起
5,220萬美元的身家？[34]（沒錯，的確如此。）

參議員**奧林匹亞・史諾**（Olympia Snowe，緬因州—共
和黨，身家2,800萬美元[35]）26歲即開始從政。她不但累積了無
法解釋的財富，還兩次跟政客結婚！前參議員**巴布・葛拉漢**
（Bob Graham，佛羅里達州—民主黨）1966年起即擔任公職，

---

[33] "Jeff Bingaman (D-NM) Personal Financial Disclosures Summary: 2006," *OpenSecrets.org* http://www.opensecrets.org/pfds/CIDsummary. php?CID=N00006518&year=2006.

[34] 見註11。

[35] "Olympia Snowe (R-Maine) Personal Financial Disclosures Summary: 2006," *OpenSecrets.org* http://www.opensecrets.org/pfds/CIDsummary. php?CID=N00000480&year=2006.

先是眾議員、州參議員、州長、聯邦參議員，然後是美國總統競選人（競選失敗）。從未、從未對GDP有貢獻，但也累積了800萬美元的財富。[36] 參議員**理察‧薛爾比**（Richard Shelby，阿拉巴馬州－共和黨，身家3,600萬美元[37]）1963年投身政界，之後就沒有老老實實地工作過一天。眾議員**洛尼‧弗林海森**（Rodney Frelinghuysen，新澤西州－共和黨，身家7,600萬美元[38]）也是眾多吃公帑傢伙的一員。最令人難以置信的是前副總統**艾爾‧高爾**（Al Gore）。他卸任時據稱有200萬美元的財產，然後2001至2008年間，他不知如何地發了大財，能拿出3,500萬美元──現金──投資對沖基金及其他私人投資項目。他的總財產現在據稱高達1億美元！[39] 真的跟柯林頓夫婦一樣厲害！

> 雖然很賺錢，但從政前請三思。

[36] Sean Loughlin and Robert Yoon, "Millionaires Populate US Senate," *CNN* (June 13, 2003), http://www.cnn.com/2003/ALLPOLITICS/06/13/senators.finances/.

[37] "Richard C. Shelby (R-AL) Personal Financial Disclosures Summary: 2006," *OpenSecrets.org* http://www.opensecrets.org/pfds/CIDsummary.php?CID=N00009920&year=2006.

[38] "Rodney Frelinghuysen (R-NJ) Personal Financial Disclosures Summary: 2006," *OpenSecrets.org* http://www.opensecrets.org/pfds/CIDsummary.php?CID=N00000684&year=2006.

[39] Miles Weiss, "Gore Invests $35 Million for Hedge Funds with eBay Billionaire," *Bloomberg* (March 6, 2008), http://www.bloomberg.com/apps/news?pid=20601070&sid=a7li9Nhmhvg0&refer=politics.

　　我不嫉妒任何人的財富。看到這裡，你應該已經很清楚，共和黨或民主黨的政客我都不喜歡。在上一本著作中，我已經說明了原因，因此這裡就不重複了。我認識數以百計的國會議員與州長，他們都是為自己的利益在打拚。

　　鮑勃·諾宜斯發明積體電路，比爾·蓋茲帶給大家Windows，倘若沒有他們以及其他許多資本家，我不可能建立或經營我的公司。即便是傑克·卡爾，也為大家貢獻了「Duck Tape」膠帶！但在我這輩子認識或聽聞的從政者當中，我想不到有哪些政客是我不可或缺的。政客們你爭我奪，共同享用民脂民膏，整體而言毫無建樹。

從政成功要訣

　　但從政真的很賺錢──不管政客的財富是來得如何莫名其妙。注意：訣竅在於高明地說謊──對己對人。（要判斷政客何時說謊是很容易的事：他們開口時就是了。我真希望這只是一個笑話。）

　　那麼怎樣才能當選？和其他致富之路一樣，小規模起家吧。找出一個政客更替率高的地方，搬到該地區一個中型城市──不至於小到只剩一潭死水、也不至於人人相互認識。最好是當地的資深政客已年老，或是受任期限制不能再連任。研究一下這些政客擁護什麼，以及當地居民相信什麼。如果當地人明顯傾向支持某一政黨（不管是哪一個），你的工作會比較輕鬆。這樣的話，起初你只需要記住並反覆講一套謊言。當然，最好也了解一下對手政黨宣揚什麼，這樣你才能講一些謊言去奚落他們。選民會喜歡你這麼做。

　　把自己的一套謊言練得滾瓜爛熟，然後競選市議員。講一些選民喜歡聽的話。把所有壞事都歸咎於對手政黨。宣稱你代表當地的前途——宣稱你看得見未來。宣稱你在前居住地做過一些了不起的事（其實你並沒有，但沒人能拿出證據戳破你的謊言）。在市議會這一層次，你的競選對手不會有很強的政治手腕。他們很可能抱著善意參選，真心關注社區利益。因此，如果你跟他們不一樣，你會佔有優勢。在這本書中，這是不誠實能為你帶來好處的唯一例子。

　　三年後，你就可以競逐郡行政官（county supervisor）了。同一套玩意，同樣的白痴，更多的無能，更大的舞台。六年後就可以競選國會議員了。你最重要的工作就是努力記住選民喜歡聽的台詞，這要比當一名成功的演員容易得多，因為你的觀眾鑑賞要求不高。而他們總得選一些人出來。你或許不會相信，但這基本上是真的：跟著這些步驟做，你這輩子都不必做任何一件有意義的事。你的錢就是這麼創造出來的，比搶銀行好多了！

智庫騙局

政治致富的一條支路是經營智庫，這是藉政治創造收入源的另一途徑。智庫是一些非營利組織，由一兩位魅力型人士擔綱演出，戲碼是倡導某些「理想」或「價值」。智庫接受捐款，「不以營利為目標」，智庫的頭頭因此能好好思考，寫出內容高尚的文章宣揚他們所選的理想目標，然後付給自己鉅額薪酬。他們也可能會做「調查研究」，通常是訪問想法相近的人士，然後得出結論：本智庫提倡的價值、觀念一直以來都是正確的。關鍵是：智庫不營利，但可以為你帶來源源不絕的收入。

智庫的目的是將某些理想制度化，經營者創造一個類似企業的營運結構，樹立自己的信譽。捐助智庫的人以為自己是在捐助某些崇高的理想，以為智庫會深思熟慮、調查研究並發表成果，藉此貢獻社會。但實際上，捐助者只是為智庫經營者以及他們選擇的夥伴創造了一份年金。

智庫倡導的目標各式各樣，從自由市場到解救受壓迫者都有，但本質上它們都差不多。讓我們看看**傑西‧傑克森**（Jesse Jackson）牧師的例子。傑克森雖然一度表示他年收入43萬美元[40]，但他個人的財務狀況是嚴格保密的。他能這麼做，部分

---

[40] Patrick J. Reilly, "Jesse Jackson's Empire," *Capital Research Center* http://www.enterstageright.com/archive/articles/0401jackson.htm.

原因在於他經營的數個非營利組織是宗教團體，因此不必報稅。他有權保密，與人無關！（嗯，或許國稅局認為跟他們有關。）但問題是，為什麼要因為收入高而難為情呢？

傑克森的非營利團體包括團結為人道聯盟（People United to Serve Humanity, PUSH）以及公民教育基金（Citizenship Education Fund, CEF）。1996 年他以營利組織的形式創立 Rainbow/Push。[41] 其基金會宣稱的目標是吸收企業資金，扶助弱勢與女性經營的事業，此外也提供許多其他服務。多年來許多團體（包括美國教育部）曾抱怨傑克森的組織未能清楚交代資金用途。傑克森本人也多次因為稅務申報問題而惹上法律麻煩。[42] 說到底，不管倡導的目標多崇高，智庫運作的重點在於錢──創造一個收入源。

非營利團體與智庫各種類型都有。自由派這邊有柯林頓前幕僚長**約翰‧波德斯塔**（John Podesta），以及他的美國進步中心（Center for American Progress）。柯林頓的另一位幕僚**巴布‧瑞奇**（Bob Reich）則是經濟政策研究所（Economic Policy Institute）的創始人之一。這兩個智庫都提倡「進步」與「共享繁榮」。保守但差別不大的則是**威廉‧班奈特**（William

---

[41] Steve Miller and Jerry Seper, "Jackson's Income Triggers Questions," *The Washington Times* (February 26, 2001).

[42] Walter Shapiro, "Taking Jackson Seriously," *Times* (April 11, 1988), http://www.time.com/time/magazine/article/0,9171,967157-1,00.html.

Bennett）與**傑克·坎普**（Jack Kemp），他們的智庫叫賦權美國（Empower America），很久之前就付給這兩位先生每人百萬美元的年薪。名單長得很，上Google就能找到全部智庫。你可以看得出我不喜歡這種賺錢方式，但它的確有效。

　　結束前順帶一提，本書編輯認為我不應該寫政客，因為許多讀者會有自己喜歡或厭惡的政治人物，我很可能會冒犯許多讀者。問題是，本書講的是如何致富，是否會冒犯讀者不是重點。我承認，吃政治飯跟本書提到的其他致富之路很不一樣。但對那些有意願、有能力從政的人來說，這的確可以創造持續終身的收入，有時收入還好得不得了。我總得找個地方安置這些傢伙，而除了這裡，我唯一想到的另一個地方就是地獄。因此，從政之路就放在這裡了。

　　那麼，如果你想創造收入並貢獻世界，請發明新疫苗、新行銷管道，或是寫歌寫書（適合改編成電影的那種）。如果你只想享用納稅人的錢，政治這一行隨時歡迎你。不管走哪一條路，記得要保留一切權利。

建議書單

　　想成功創造一個可靠的收入源，就像使用波沛爾的產品，「裝好之後一切免操煩」，你得做一些功課。以下幾本書對你會有幫助。

1.《*Patent It Yourself*》，David Pressman 著。如果你有一個其妙無比、保證成功的主意，可為你賺進一輩子花不完的錢，請看這本書，為自己註冊專利，以確保沒人能剽竊你的創意。

2.《*The Complete Guide to Direct Marketing*》，Chet Meisner 著。想學朗恩‧波沛爾嗎？這是一本很好的入門書，教你如何以符合成本效益的途徑有效地將自己的訊息廣為傳播，助你了解直效行銷的方法與途徑。

3.《*The Screenwriter's Bible*》，David Trottier 著。有志於寫作的人應該看這本書。寫書沒問題，但真正賺大錢的是商品授權如便當盒、玩偶與公仔。因此，寫完書自己改編成電影劇本吧，然後推銷你的創作。本書教你怎麼做。

4.《別讓統計數字騙了你》（*How to Lie with Statistics*），赫夫（Darrell Huff）著。吃政治飯的人應該看，因為要靠政治發財，你必須把謊言說得很有說服力。這本書難能可貴，告訴你統計數據是多麼容易就能搓圓捏扁。學會後你就可以找一些平凡無奇的經濟數據，隨意操弄，為自己謀取不當利益。

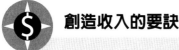

創造收入的要訣

走這條路要成為百萬富翁，你必須有價值百萬的創意。關鍵在於將想像力化為源源不絕的收入源。

1. **了解自己的專長，然後堅定地走一條能發揮專長的路。**如果你不會唱歌，你應該不可能成為披頭四那樣的巨星。如果你有嚴重的寫作障礙，你大概不會是下一個JK羅琳。而如果你還有一點良知與正義感，你也不會成為一個富有的參議員。就是這麼簡單。要靠此路發達，你只需要一個可註冊專利的絕妙創意。但在享用鉅額的授權收入前，你很可能得堅守自己的事業很多年。

2. **讓生意長做長有。**《星際大戰》與《哈利波特》的生意可以一直做下去，因為相關主題能吸引的觀眾層面很廣，而且不會過時。便利貼也是。但像錄音帶這種發明，則已經被新的技術與媒介取替了。政治也是不會過時的職業，因為只要有人就會有政治。

3. **化為鈔票。**喬治盧卡斯賣《星際大戰》的公仔就發了大財。你不妨也想想有什麼東西可以大賣，目標客戶要夠廣，也可以想想如何像波沛爾那樣有效推銷。記得要保留全部權利。你賣的東西不必是實物，某些經歷也可以，例如聽到某段美妙的曲子、忘掉一個可怕的配偶，或是一些能引起共鳴的經驗。

4. **註冊專利或版權。**找到自己的目標市場後，你就可以發明產品、撰寫小說，或是規劃下一個將大受歡迎的玩意。你必須保護自己的權利，註冊專利或版權，然後一直擁有，永遠不賣。

申報專利並不難。你只要上美國專利商標局的網站（www.uspto.gov），他們就會引導你完成必要的手續。網站提供一些你可以列印提交的表格，以及費用清單。想註冊版權則請上美國著作權局的網站（www.copyright.gov）下載所需要的表格。註冊版權每次只需45美元。

5. **推銷並商品化**。你的創意或發明可能驚天動地，但如果沒人知道，你是賺不了錢的。不妨再以波沛爾為模範，成為自己產品的代言人。

6. **未雨綢繆**。取得某種收入源後，小心不要失去它。了解收入的性質：有保障嗎？保障多久？合約可能失效嗎？是否會有新發明出現，取代了自己的發明並扼殺相關收入？若要維持穩定的財務狀況，你可能得存一些錢備急，以及，對，做個預算，並切實遵行。

9 房地產大亨

曾夢想蓋摩天大樓？

想當收租的房東？

或許你可以成為一名地產大亨。

美國是盛產房地產大亨的國家——房屋自有比率接近70%！不要讓近期住宅市場的震盪阻嚇你，地產生意是有厚利可圖的。

和其他致富之路一樣，要靠地產發達並不容易。成功的地產商不但有本領找到潛質優厚但遭忽略的土地以及願意投資的夥伴，他們還具有成功創業者的策略眼光。地產大亨基本上也是創業者。如果不能擬出實際可行的業務模式，你應該無法做好地產生意。

事實是，房地產的長期報酬率並不怎麼好——自1964年以來年均僅5.8%。[1] 只比通膨率高一些！那麼，**薛爾頓‧艾德森**（Sheldon Adelson，身家280億美元）、**柯克‧柯克里安**（Kirk Kerkorian，180億）、**唐納‧勃仁**（Donald Bren，130億）、**山姆‧柴爾**（Sam Zell，60億）以及大名頂頂的**唐納‧川普**（Donald Trump，30億）[2] 是怎麼賺到那麼多錢的？靠財務槓桿！

這些地產大亨都借很多錢！做得好的話，槓桿可放大投資報酬率。但如果搞砸了，虧損與羞辱也加倍放大——很可能血本無歸。那舉債豈不是很危險？沒錯，如果你經營不善的話。

> **請善用槓桿，放大你的投資報酬率。**

但做地產生意必須舉債。如果你很厭惡負債，這一章可以不用看了，跳到另一章吧。否則請克服你的債務恐懼症，學會欣賞財務槓桿，準備當一名地產大亨。

槓桿魔法

財務槓桿的魔法是這樣的：假設你買一棟10萬美元的房子，自付5%，即5,000美元。五年後，你以12.5萬美元賣出。嗯，那就是獲利25%，年均僅4.6%。不對！你只付出了5,000

---

[1] 根據全美房屋仲介協會（NAR）獨棟住宅平均價格計算。

[2] Matthew Miller, "The Forbes 400," *Forbes* (September 20, 2007), http://www.forbes.com/2007/09/19/richest-americans-forbes-lists-richlist07-cx_mm_0920rich_land.html.

美元，2.5萬美元的獲利即是500%，年均報酬率43.1%。像變魔法一樣！沒錯，我們還沒算債務的利息成本，這一點稍後再講。但如果房價下跌，你的5,000美元很可能全數報銷。槓桿既可放大獲利，也能加深虧損。關鍵在於找到物超所值的房產——一些你能讓它們變得很賺錢，其他人則辦不到的物業。你必須讓自己的物業像印鈔機那樣，爲你帶來源源不絕的收入。

房地產生財之道

以下爲你說明該怎麼做。但聲明在先：我並不是地產商。沒錯，我是擁有價值超過1億美元的物業——多數是我公司使用的辦公室，但經營我家房地產事務的是我太太雪莉（Sherri）。

1999年，兩位先生買下了加州聖馬刁郡（San Mateo）Fashion Island Boulevard的1450號，當時是一座15年樓齡、10.4萬平方呎的甲級辦公樓，位於101及92號高速公路的交界點，那是舊金山往矽谷以及舊金山半島往東灣的交匯處。非常好的地點，1999年時幾乎沒有任何空置單位。買主付了3,100萬美元，其中2,550萬是以票據形式向瑞士信貸波士頓第一房貸資本公司借入的。當時矽谷景氣蒸蒸日上，租金高昂，而且辦公大樓幾乎都滿租，手頭滿是鈔票的網路公司正租用物業以備擴充所需（後來這些公司多數發現根本沒有這需要，但當時它們並不知道）。

　　當時我的公司正持續擴張中。五年之前，雪莉在灣區海拔2,000呎高的山頂、一處你想不到的地方，為我們建立了公司總部（現在仍在此處）。這辦公室就像森林中的一顆寶石，三面是數以千畝的空曠公地，空氣清新，而且坐享非常開闊的太平洋海景。雪莉兩次擴建，但至2000年時，我們已佔滿了這壯麗山頭郵票般大小的平地。公司需要在別處擴充辦公室。雪莉選擇了20分鐘車程之外的聖馬刁。當時租金高昂且空間有限，她沒辦法租到太多地方。但在網路泡沫爆破後，市場上多了一些分租出來的辦公室。到2002年時，雪莉已能以合理的租金租到需要的乙級辦公空間，租期為一年。

　　到2004年時，Fashion Island Boulevard 1450號的業主無力償還貸款，止贖（foreclosure，指債務人失去抵押房產的贖回權）程序已開始，物業接管人也已委派。1450號的業主還擁有其他辦公大樓，每一項都有未償清的貸款，財務非常吃緊。業主沒有錢投入經營1450號，該物業的空置率因此節節升高。最大的租戶搬走後，業主的景況更是雪上加霜。債權人（即前述票據的持有人）決定透過非公開拍賣的形式賣掉手上的票據，競標者無法知道其他人開出的價碼。競標者先提交大概的交易條件，然後由債權人選出部分競標者參與最終投標，提交一旦得標不可更改交易條款的標書。債權人不一定要將大樓賣給出價最高的人，出價稍低但交易條件較佳的競標者也可能得標。

　　交易條件和出價同樣重要。相關條件包括支付現金的比例、非現金部分的利率、定金的數額、競標者取消交易時賣方能否沒收訂金，以及在什麼情況下可取消交易等。（例如競標者通常會要求驗收物業，不滿意可退訂。）此外，交易越快完成，賣方的風險越低。因此如果你能快一些完成交易，賣方會比較高興。法人買家通常有一些必須遵循的內部程序，這會拖慢完成交易的速度。賣方會考慮所有的交易條件。

此時我們在聖馬刁有400名員工，在租約僅一年的辦公室上班，而公司仍正快速擴張。對租戶來說，短期租約風險較高，因爲若市場趨緊，租金將上升。雪莉希望買下1450號的票據，然後以債權人的身份取消原業主的贖回權，取得這棟辦公大樓。（不要招惹我太太，會很痛苦的。）她覺得以我的交易背景（買賣馬匹的經驗），或許由我來競標比較好。我們的法律顧問Fred Harring負責具體的交易條款，他處理任何交易的細節都很拿手。我則是比較大局型的人。

幸運的是，我們的一項推測證實正確：其他競標者全都是金融業者，在乎的是取決於租金水準與空置率的報酬率。當時辦公大樓市場空置率很高，他們很難提升1450號的出租率。但我可以將員工搬進來，其他競標者則不行。因爲我能讓空置的空間產生收益，我可以比其他人出價高一些。當時是2003年股市觸底後一年，經濟才開始衰退沒多久，科技業景況艱困。雪莉根據租金水準、空置率估計值以及利率加以推算，估計那些參與競標的金融業者出價不會顯著超過1,400萬美元。

　　要贏得競標，我首先得提出初步條件，吸引賣方允許我參與正式的最後競標。這講起來或許顯得瑣細，但法人賣家喜歡跟法人買家交易多於像我這樣的個人。他們通常會排除個人競標者，認為我們風險較高，容易以奇怪的理由取消交易——就像打官司一樣，結果難以預測。賣家很討厭這種風險。我得開出令人難以拒絕的條件才行。

　　我因此依計而行。初步出價1,350萬美元，合理水準，但不太可能是最高價。我不需要一開始就出最高價，能夠進入第二輪競標即可。但在交易條件方面，我答應全數付現，同時先交三分之一的訂金，而且如果得標但未完成交易，賣方可沒收全部訂金。這是很大的一筆錢。像這種規模的交易，競標法人通常僅付50萬至100萬美元的訂金。因此，如果我得標但取消交易，賣方可沒收我所付的450萬美元訂金，然後再將票據賣給其他買家。如此優惠的條件，賣方實在沒有理由不接受我參加最後競標。此外，我也不要求驗收物業。雪莉認為，五年前借出2,500萬美元的債權人一定已經盡可能詳細檢查過物業的狀況，而且她覺得期間沒有任何變化。我也承諾，交易何時完成隨賣方高興。

　　這種賣方夢寐以求的條件讓我們得以進入第二輪投標。我將出價增加至1,500萬美元，略高於我們估計其他買家的最高出價1,400萬，除此之外一切條件維持不變。我不知道其他人開出什麼價格與條件，但我們得標了。票據在手後，雪莉威脅

1450號的業主止贖。很少票據持有人會這麼做，因為實在太麻煩了。但雪莉就是這麼不怕麻煩的人（我已經說了，招惹她是很痛苦的事），業主屈服，乖乖獻上房契。

　　金融票據持有人通常並不想當業主，他們只想靠票據賺取滿意的報酬。他們不懂得經營物業，也無法找到租戶填滿大樓。我們則可以。這是我們的經營優勢。雪莉花了近300萬美元做內部裝潢並將公司員工遷入，換句話說，此次投資共耗費1,800萬美元。現在我是業主，我的公司是租客，這棟大樓因此為我提供源源不絕的租金收入。雪莉將租金收入押給高盛，取得2,500萬美元。換言之，此宗交易她淨賺700萬美元，相對於1,800萬的成本即獲利39%。地產投資生意就是這麼做的。如果你沒有現金、沒有租客，你就沒辦法這麼做。但你可找一棟大樓、找個能找到租客的夥伴，再找到融資途徑，然後拼湊出一宗能為你創造財富的交易。遊戲就是這麼玩的。

學會計算報酬

　　人們常常騙倒了自己。2005年之前住宅價格飆漲令人們普遍過度自信。假如你在某個房市熱絡的地方擁有一間房子，例如2000至2005年的加州，房價倍增並未令你成為精明的投資人——你不過是幸運罷了。成功的地產投資者有膽識，但不會自我欺騙。

讓我舉一個例子說明人們如何因為計算錯誤而騙了自己。且再以聖馬刁郡（我成長的地方）為例，考慮房價勁升的十年情況。1995年初時，聖馬刁房價中值為305,083美元。[3]假設你買了這樣一間房子，頭期自付20%（當時零頭期款的瘋狂時期尚未開始），外加1%的交易成本。當時30年期固定利率房貸的利率為7.5%，因此你每月房貸還款額約為1,700美元。[4]快轉到十年後。假設你以聖馬刁房價中值763,100美元[5]賣掉房子，還清房貸餘額（即十年下來你尚未還清的貸款本金）184,091美元後，你的盈利是579,000美元。再扣掉你的自付款，你的盈利是849%，年均25.2%！多數人都是這麼計算他們的房地產投資回報，但這大錯特錯。

首先，在這十年間，你還了逾6萬美元的房貸本金。我們必須扣掉這部分，而且還應將這些還款的時間值計算進來，但為免例子變得太複雜，時間值就算了。扣除頭期款及十年間償還的本金後，你的獲利是379%，年均17%。但你的房貸並不是免利息的，十年下來你總共付了24.7萬美元的利息。噢！再扣

---

[3] Department of Housing and Community Development, State of California, "Median and Average Home Prices and Rents for Selected California Counties," http://www.hcd.ca.gov/hpd/hrc/rtr/ex42.pdf.

[4] Federal Housing Finance Board, "National Average Contract Mortgage Rate," http://www.fhfb.gov/GetFile.aspx?FileID=4328.

[5] City Data, "San Mateo County, California (CA)," http://www.city-data.com/county/San_Mateo_County-CA.html.

掉這些利息成本，重算一下，獲利縮減至174%，年均10.6%。

但這還是高估了。聖馬刁一間房子水電瓦斯與其他雜七雜八的保養維修費年均需要1,820美元。[6]而且你可能花了4萬美元重新裝潢，加一個露台又花了1.5萬。別忘了還有1995年的成交費以及2005年的房屋仲介費（約5%）。還有物業稅！聖馬刁的物業稅爲購入價的1.125%，每年調升2%。十年下來，這要花掉你3.7萬美元。

將這些都算進去，粗略一算，你的總獲利只剩下59%，年均僅3.1%。非常差勁。許多人視自己的房子爲最佳資產，但事實是，關鍵全在槓桿上。你很容易會騙了自己。不少人會說：「沒錯，但如果我不買房子的話，我要付租金，不能忽略此中的價值。」沒錯！但你的房子最大的價值是讓你得到棲身之所，以及其他的滿足感。

> 學會正確計算報酬率。許多人漏算了許多成本。

頻繁買賣得不償失

許多人希望頻繁買賣物業，藉此快速獲利。請不要這麼做。事實是，房地產大亨並不頻繁買賣。交易成本實在太高了。成功的地產商多數注重內部報酬率（internal rate of return），在物業升值的同時賺取租金收益。

---

[6] 同上。

　　讓我們看看**蒂莫西·布里塞思**（Timothy Blixseth，身家12億美元）[7]的例子。他曾非常熱衷炒賣不動產。雖然現在非常富有，但他早年曾犯下大錯，賠光所有財產。（我在序言中曾說，在這些致富之路上，你可以數度破產，結果仍成為富翁。還記得嗎？）布里塞思18歲時亟欲盡快擺脫年輕時的貧窮日子，因此當他在報紙上看到奧勒崗州有一塊林地以9萬美元求售時，便拿出全部儲蓄1,000美元作為頭期款，買下這林地。為什麼要買林地呢？他來自出產木材的小鎮，因此認為自己懂得林地。他認為自己很快就能找到買家，轉手賣掉，因此答應賣家30天內支付餘下的8.9萬美元。

　　賣家知道布里塞思沒錢又沒人（金主），一心想教訓這小傢伙：把林地賣給他後，當他付不起餘款時便將土地收回來。布里塞思必須很快找到買家。妙就妙在他買下的林地與Roseburg林業公司——一個大地主——毗鄰，布里塞思向這家公司開價14萬美元賣他剛買下的林地。這數目是他隨口開出來的，但成交的話他短短時間內即可獲得相當可觀的盈利。對方竟然接受了。後來布里塞思才知道，Roseburg早就需要這塊地來建一條道路，但原業主非常討厭Roseburg的東主，因此即使犧牲自己的利益也不願意將這塊地賣給對方。[8]布里塞思這

---

[7] 見註2。

[8] Edward F. Pazdur, "An Interview with Tim Blixseth, Chief Executive Officer, The Blixseth Group," *Executive Golfer*, http://www.executivegolf-ermagazine.com/

次炒賣能賺到錢，純粹只是走運。

這次交易讓他神魂顛倒，此後便頻頻炒賣，絕大多數是林地交易。他以極低的頭期款購入零碎的林地，然後快速轉手給林業公司。布里塞思有時持有一塊地的時間，短到可以分鐘計。[9]但他這種炒賣方式在1980年代利率飆升下慘遭重創，他個人徹底破產，賠得一乾二淨。吸取教訓後，他不再炒賣了。他重新出發，建立新的不動產資產組合，這一次他只為那些實際持有並經營的物業背負債務，而不像以往那樣僅持有幾個小時的房產。他因此走上了我們講的這條路，最終成了非常富有的房地產大亨。

> 頻繁買賣是致貧之路。

地產大亨的起步

你已經準備好起步了。首先，找一個景氣蓬勃的市場。景氣蓬勃並不等於物價高昂或滿街富豪——你不需要比佛利山這種地方。最佳地點是那些營商與就業環境相宜的地方，這種地方成長潛力非常好。人們只要有工作，就有能力支付各種開銷。不動產經營者需要租客或購屋者。有工作的地方就能吸引

---

cupVII/article3.htm.

[9] 同上。

人們前往，而這種地方幾乎一定繁榮——這是人們想來購物、工作、居住以及租屋的地方。這一點也不難理解。你甚至不需要（或想要）在大城市起家。善待企業與雇員的三線城市也很好。

　　那怎樣才能找到這種地方？調查一下各州的收入與銷售稅水準吧。捷徑：《財星》（*Fortune*）雜誌有些會做類似「100個最佳居住地」之類的專題報導。2008年4月該雜誌即推出「2008年100個居住與創業最佳地點」的專題，評審項目包括經營環境、租稅以及整體生活品質。他們都為你做好了功課！你可以上Google找這篇報導，或是連上以下網址：http://money.cnn.com/magazines/fsb/bestplaces/2008/。

　　然後就註冊成立公司吧，成立一家有限責任公司（LLC）也可以。你個人不應承擔風險，這應該由你的公司來做。有人提起控告時，你的公司可以保護你。真的會有人控告你的！讓他們告你的公司，總好過告你，因為你可以為公司購買訴訟保險。

小規模起家

　　你的生意應從「小」做起，自食其力，再逐步擴大。（為什麼？請重溫第1章。）你暫時還沒有足夠的資金做大專案。因此，先買一棟兩戶合住的破舊房子吧。將它裝潢好，自己住一戶，租出另一戶。然後以租金收入為抵押，借錢買一棟四單位的破房子。一樣的做法，不過是房子大一些而已。修繕一番，然後以更好的租金租出去。

　　關鍵在於找到租客。成功訣竅在於購入空置的房子，然後找到租戶填滿它，藉此創造價值。做得對的話，你不但能回本，還會有盈利。房子有人住，也會變得比較值錢。這是一個有賺頭的小生意。如此這般完成幾筆生意後，你將累積相當規模的現金流與成功交易的記錄，有本錢說服投資者提供資金，讓你做更大的案子，譬如公寓或辦公大樓。成事後你就可以做更大規模、現金流潛力更強的專案。就是這樣。每一次的關鍵在於找到有潛力的閒置空間，然後將它們的賺錢潛力發揮出來。

> 找一個景氣蓬勃的低稅地區，然後小規模起家。

米娜──精明的小地產商

現實中我們多少都得有所妥協，走地產致富之路也不必強求凡事盡如人意。這道理我家未來媳婦米娜（Mina）非常清楚。她是個漂亮美眉，加州大學洛杉磯分校（UCLA）醫學博士，兒童精神科醫師。米娜是韓裔移民的第二代，自食其力，追求典型的美國夢。她的母親從韓國來到美國，胼手胝足養大一兒一女。米娜工作認真、活力充沛，品味也非常好──懂得欣賞我家最出色的二兒子。

米娜還做起地產生意來，而且完全靠自己的力量。她以行醫收入為基礎，在實行租金管制的柏克萊貸款買下一棟有13個分租單位的舊房子。該房子原本的房東破產，空置率很高，米娜因此可以重新裝潢並調高租金。房子鄰近地鐵沿線，距離她媽媽仍在刻苦工作的地點不遠。米娜把母親接到該房子較好的房間（木工做得很美，而且景觀佳），改善了母親的生活，而她媽媽也能幫忙看管租客（他們住的房間就沒有漂亮的木工了）。

米娜把房子修繕好，以較高的租金租給更合意的租客。貸款、填滿空置單位以及找租客這三個重點，她都照顧到了。唯一的缺點是房子位於實行租金管制（對房東不利）的柏克萊（共產主義堡壘）。但米娜行醫生涯的頭幾年必須留在這裡，因此沒辦法在其他地方做這樣的地產生意。她已盡其所能做到最好，地點雖不甚理想，但她的生意是可以做起來的。即使你暫時受限於條件不理想的地方，你還是能夠做這種地產生意。若能遷往條件更有利的地點，當然是再好不過了。

好預算

你的頭一兩宗生意很可能不會動用銀行貸款。銀行對於借錢給房地產個人投資者是非常謹慎的。其實你也不想向銀行借錢。銀行通常很樂意借錢給民眾購屋自住，但對本章講的地產生意則不熱衷。那麼，你的生意該如何取得融資呢？你得擬一個穩當的財務預算來說服你的金主出資。關鍵在於擬定一個具吸引力又實際可行的方案，然後向金主們推銷。

買一套軟體來幫你忙吧，大概需要199美元（上ZDNet. com、Download.com或RealtyAnalytics.com即可找到）。如果你懂得計算攤銷與折舊，你可以自己在Excel上做一個預算報表。如果這讓你覺得頭痛，你還是買一套軟體吧，或許還有需要報名一個課程——實在不行就選另一條路走吧。如果做不出好的財務預算，你的地產致富之路會很崎嶇的。不妨也看一下都市土地協會（Urban Land Institute, ULI）能否幫上忙。該組織是全美房地產開發商的支援網絡，提供相關課程與諮詢服務（www.uli.org）。

你的預算中有些什麼？利息成本、營建、折舊、牌照以及維修等費用，這些都是房東很容易忘記的項目。還有水電瓦斯、物業稅，各種雜項支出都會減損你的盈利。然後你得估計未來的升值幅度與租金收入。你或許會假定租出率為85%，每年租金收入為X，十年內的成長率為Y%。然後你假定某個折舊率，這樣物業稅會逐步降低。接著就各種可能的情境推算結果：倘若出現A情況，租出率可增加Q%；出現B情況的話，租金會下降Z%。（你會發現使用軟體做這種演算特別方便。）最後你必須總結出投資人出資最可能得到的內部報

具吸引力且切實可行的業務方案至關重要。

酬率，這是你向金主尋求融資的最主要賣點。

　　然後呢？當然是推銷、推銷、推銷！你向金主們提供一個合夥投資的機會，但因為主導大局、經營管理的是你，對方必須就此給你足夠的補償。這跟理財業生意相似（請參閱第7章，好好對照一下）。優秀的地產商和創業CEO一樣，都是超級推銷員（其實，幾乎每一條致富之路都需要出色的推銷能力）。許多金主會認為你的預算想得太美了。果真如此，請好好檢討並加以修正。如果是對方看法有誤，則請說服他們。

買、建，還是又買又建？

　　你想當一名什麼樣的地產商？像唐納‧川普那樣蓋一些噱頭十足的新大樓？收購現成的物業？還是兩者並行？（其實川普的父親起初是做平實的公寓大樓生意，留給川普鉅額的遺產。1970年代中，紐約經濟非常不景氣時，川普收購了一些財務出狀況的曼哈頓大樓，將生意做大。他噱頭十足的階段是後來的事。）建與買的考量大不相同。首先，你要考慮以下因素。

地點、地點、地點

　　你應專注在那些方便營商的地方做生意——這話既對，也不對。如果你沒有政治影響力，你必須在方便營商的地方經營。但如果你在某地區有足夠的政治影響力，那麼即使該地區一般而言不利營商，你還是可以能人所不能，把生意做好。「政治影響力」的含意是：該地區對你的生意很「友善」，但對其他人則未必如此。

許多人可以在他們的家鄉或居住地做成生意，但在其他地區則不行。身為「在地人的寵兒」，他們能獲得地方政府的信任，辦起事來方便得多。如果沒有這種條件，你就得在方便營商的地方經營，否則就得建立起自己的政治影響力，以克服生意上將遇到的障礙。

了解建築法規

無論是興建大樓還是或收購現成的物業，你都必須掌握建築物條例（上Google找）以及相關法規。這非常重要，因為法規變更可能令原本利潤豐厚的生意嚴重虧損。**哈利・馬克洛**（Harry Macklowe，身家20億美元）[10]的故事即說明，有些法規更改會逼得你出動炸藥。馬克洛當年在紐約有四棟破舊的大樓，他想重建成高級的曼哈頓公寓。但當時紐約市長郭德華（Edward Koch）認為許多低所得的租戶除了這種老舊房子外別無選擇，因此推動立法，禁止此類重建案。在新法生效前幾小時，馬克洛夜裡用炸藥將那四棟大樓夷為平地。他因此遭罰款

---

[10] 見註2。

470萬美元，並禁止從事營建業四年。

兩年後，郭德華市長承認，他的禁令可能違憲。馬克洛不等了，馬上破土動工。[11]市議會指責他無權這麼做，因為禁令仍然有效。但馬克洛不理那麼多，繼續蓋他的房子並支付罰款，結果建成了馬克洛飯店。在不動產這一行，膽量及律師陣容與馬克洛一般堅強的人並不多。因此，雖然許多地方的營建條例或許奇蠢無比，你還是得搞清楚狀況。

購買現成的物業可能比較簡單，但仍受諸多法規限制。以下故事完全屬實，絕無虛構。自1970年起，舊金山國民警衛隊軍營（San Francisco Armory）一直閒置——多姿多彩的教會區（Mission District）一棟市區大樓成了蚊子館。各方一再

請務必事先掌握都市規劃與營建法規。

提出各種發展建議，例如改造成公寓、百貨公司、辦公大樓（你想得到的用途都有人提出），但市政府都拒絕了。該建築物因此一直廢置，對誰也沒有好處。在此同時，舊金山非常需要新的物業供給，而且發展該軍營可徵收的物業稅對市府財政也有幫助。但當局就是寧可任其丟空。

---

11 Alan Finder. "Koch Disputed on a Benefit to Developer," *New York Times* (January 16, 1989), http://query.nytimes.com/gst/fullpage.html?res=950DE5D9133FF935A25752C0A96F948260&sec=&spon=&pagewanted=all.

廢置37年後，2007年該軍營終於有了新用途。猜得到當局批准了什麼嗎？開創美國現代「成人」產業的舊金山，將該大樓賣給了網路色情內容業者Kink.com。該公司未來將在這裡專門拍攝，以地牢為背景的……呃哼……色情片。[12]就在軍營裡拍！高級公寓？不要。世界級的色情片場？沒問題！我想你不會想買一棟只准用來拍A片的大樓。但或許你正有此意也說不定！不管怎樣，你得先了解自己有哪些選擇。

關鍵問題：該去哪裡？

你應避開那些不利經商、不利就業的地方。我在加州長大，這裡一度是美國的黃金州，引領全國的風氣與潮流。但一切都過去了。加州人口正日漸流失，走的是富裕與高所得人士，進來的是沒有收入的遊手好閒者。今天要在美國成為地產大亨，難度最高的地方可能就是加州。這裡的地方法規可能是全美最複雜的，許多矛盾之處教人無所適從。和數十年前截然不同的是，加州的勞工法以及雇主和雇員面對的司法制度現在是全美最糟糕的。這是根植社會的真實現象，極難改變。

---

[12] Steve Rubenstein, "Ex-Armory Turns Into Porn Site," *San Francisco Chronicle* (January 13, 2007), http://www.sfgate.com/cgi-bin/article.cgi?f=/c/a/2007/01/13/BAG0INI8PD1.DTL.

首先，當局對營建案諸多限制。然後，沒騙你，市委員（city commissioner）會在報紙上發表一些虛僞、侮辱的文章，譴責地產商興建昂貴的房產，令「中產階層」被迫遷離原本的社區！有什麼辦法？調高所得稅與銷售稅，好讓政客們有更多錢來解決一切問題。驚人吧！

目前加州不動產供給非常短缺，需求極爲強勁。但隨著富裕與高所得家庭遷離，需求將逐漸減弱。我的建議是：如果你要走房地產致富之路，請避開加州這種地方，除非你有非常強大的政治影響力。

致富路上的障礙

我並沒有急著要離開加州，但未來幾年我想賣掉我在這裡的商業不動產。加州已成爲追求財富者的一大障礙。此地遠景黯淡，未來經濟也很難蓬勃。這裡的租稅政策似乎刻意跟高所得人士以及企業過不去，巴不得將這些主要納稅人趕走一樣。

> 選一個有利經濟繁榮的州（即州所得稅很低、甚至免徵）。

這裡的州所得稅邊際稅率不但全美最高，起徵點也是全美最低的（4.3萬美元稅率爲9.3%，之後稅率隨所得增加調高；4.3萬美元還不到全美所得中值水準）。此地銷售稅7.25%（市與郡還要加徵費用），是全美最高的州之一。這裡的就業法規也是全美最麻煩的。開創房地產生意時，你應盡可能避開像加州這樣的地方。

追稅永不言倦

諷刺的是，加州當局深知情勢不妙。他們積極追查那些逃離加州的人！對那些離開加州的納稅大戶，州政府通常會積極追蹤稽核，然後持續寄上稅單──你離開多年後還會收到加州寄來的稅單！在當局看來，如果你離開加州是為了避稅，那你還是欠他們的。加州法規刻意刁難那些想逃離的人。要成功離開，你得掌握大量技術細節。如果你正考慮遷往別處開展房地產生意，以避開某些州稅，請熟習所有相關法規。請一個頂尖的稅務律師幫忙吧。

陽光加州不斷寄出稅單，令許多人怨聲載道。[13] 我朋友格佛・威克夏姆（Grover Wickersham，他幫我校訂這本書，還有上一本，提供了許多意見）本身是律師，古早年代就離開加州，搬到了倫敦。他和太太已成了英國公民，在英國出生的女兒Lindsey現在都九歲了。加州當局直到2008年才停止向他追所得稅。他永遠不會搬回來的。其他已經離開的人也是。

經濟學家亞瑟・拉佛（Arthur Laffer）與史蒂芬・摩爾（Stephen Moore）發現，加州逾2.5萬戶年所得逾百萬美元的家

---

[13] George Andres, "For Tech Billionaire, Move to Nevada Proves Very Taxing," *Wall Street Journal* (July 17, 2006).

庭，「2000年代初期已超過5,000戶遷離。」[14]他們都搬到哪裡了？1997至2006年間，人口淨增加最多的州包括佛羅里達、德克薩斯、內華達以及華盛頓這些免徵所得稅的州。這些才是你應該前往發展的地方。田納西也不錯，該州僅針對股利與利息所得徵稅。人口淨增加最多前十名的州還有亞利桑那、喬治亞、北卡羅來納、南卡羅來納以及科羅拉多，這些州的州稅率均相當低（見表9.1）。[15]它們吸收的人口從哪裡來？主要是重稅州如紐約與加州。紐約十年間淨流失200萬人口！加州則淨流失130萬。[16]而且離開的是收入較高的家庭，並不是窮人。地產商應該跟著財富走，而且最好要能掌握先機。

最有利於開展地產生意的州

想知道哪些地方最有利於開展地產生意？看看過去十年間高所得美國人都流往哪些州，跟著他們走就對了。

---

[14] Arthur B. Laffer and Stephen Moore, "Rich States, Poor States, ALEC-Laffer State Economic Competitive Index," American Legislative Exchange Council Washington, DC (2007), http://www.alec.org/am/pdf/ALEC_Competitiveness_Index.pdf?bcsi_scan_23323C003422378C=0&bcsi_scan_filename=ALEC_Competitiveness_Index.pdf.

[15] 同上。

[16] 同上。

表9.1　最有利於開展地產生意的州

1997-2006 年間人口淨增加最多的州	
州	**淨增加的人口**
佛羅里達	+1,643,073
亞利桑那	+769,679
德克薩斯	+667,810
喬治亞	+650,941
北卡羅來納	+570,716
內華達	+491,325
田納西	+258,838
南卡羅來納	+258,109
科羅拉多	+231,891
華盛頓	+218,304
1997-2006 年間人口淨流失最多的州	
州	**淨流失的人口**
紐約	−1,955,023
加州	−1,318,266
伊利諾	−727,150
紐澤西	−409,409
路易斯安那	−402,745
俄亥俄	−362,601
麻薩諸塞	−330,657
密西根	−317,389
賓夕法尼亞	−182,078
康乃迪克	−109,930

資料來源：Arthur B. Laffer and Stephen Moore, "Rich States, Poor States, ALEC-Laffer State Economic Competitive Index", American Legislative Exchange Council (2007), Washington, DC. Page 15.

　　但是，剛開始做地產生意的人並不是爲有錢人蓋豪宅，對吧？沒錯！但如果賺錢能力最強的人離開一個地方，當地景氣會受挫，房地產的價值以及租金水準也會跟著下滑。簡而言之，一個地方高所得人士比例越高，對做地產生意的人越有利。跟著錢走就對了。

　　總而言之，你應該避開那些就業萎縮的地方，前往那些就業蓬勃之地。找一些沒有人要、可廉價買入，而你有能力快速帶來優質租客的物業。善用財務槓桿，盡快套取較投入金額更多的現金，但不要賣掉物業，不要頻繁買賣。持有你的房產，以租金收益爲抵押，舉債購入更多物業，不斷重複同一運作模式。持續擴大現金流並舉債。持續尋找願意爲頭期款融資的金主，讓他們成爲你的生意夥伴。你是不動產市場的偵察者、企業家、營建商、買家、貸款人、策劃人、推銷員以及收益創造者。做好這些角色，你就是下一位地產大亨。

地產大亨的書單

　　這些都只是基本步。希望有策略開展地產生意的人，可以從以下著作中學到更多。

1. 《*Real Estate Investing for Dummies*》，Eric Tyson 與 Robert Griswold 合著。Dummies 叢書書名有點蠢，但的確是外行人的優質指南，可引導你看更多好書。作者 Eric Tyson 是

值得信賴的朋友，關心讀者的利益。而且Dummies叢書還是Wiley出版的！你還想怎樣？先看這本吧。

2.《*The Wall Street Journal Complete Real-Eastate Investing Guidebook*》，David Crook 著。《華爾街日報》的參考書方便好用，這一本也不例外。

3.《*The Complete Guide to Financing Real Estate Developments*》，Ira Nachem 著。這本書詳細指導你如何取得融資，告訴你如何完成詳細的財務預算，好讓你找到金主，而且不會激怒他們。這是類似課本的書，比較貴，不過你在網路上可以很容易找到二手的。

4.《*Maverick Real Estate Investing*》，Steve Bergsman 著。這一本主要講頂尖地產大亨是如何發跡的。如果你要的是非常具體的建議，可能會失望。但如果抱著正確的期望，你會喜歡它的。看完這本後，建議你接著看作者的《*Maverick Real Estate Financing*》，非常適合已準備好做更大生意的地產商。

地產致富指南

1. **學會欣賞財務槓桿**。借錢不是壞事，是好事！不大量借貸的話，你將無法從地產生意中獲得可觀的報酬率。克服你的債務恐懼症，否則請走別的路。

2. **創造收益**。找一些沒人要但物超所值的物業，只要你能快速找到優質租客，這些超值物業就能為你帶來源源不絕的收益，讓你能借更多錢做下一筆交易。

3. **不要自我欺騙**。即便是經驗豐富的購屋者也常算錯投資報酬率，騙倒了自己。持有房地產有許多雜七雜八的費用，代價不菲，會顯著壓低你的投資回報。

4. **不要炒賣**。不管你認識多少人靠買入法拍屋後快速轉手而「賺很大」，你都不應該學他們。法拍屋的確有超值的貨色，但炒賣是短期投機遊戲，死路一條。

5. **找一個景氣蓬勃的市場**。你不必從豪宅區做起，生意剛開始時你沒有這種財力。你需要的是景氣看好的地區。這不難判斷，找那些方便營商的低稅地區就可以了。

6. **做好財務預算**。若不能提出完善的業務計劃，你無法得到金主的支持；沒有他們的投資，你的生意沒辦法做大。財務預算是業務計劃的核心。上一個相關的預算製作課程，再上網買套軟體吧。

7. **了解法規**。在營建或購買房產前，釐清自己將面對的建築物條例與規劃法規，它們可能很複雜、很難懂。社區中的「共產主義者」可能發動攻擊，你得先做好準備，以避免代價高昂的耽擱。

10 眾人之路

喜歡走乏味但可預測之路？
適度儲蓄、明智投資是最安穩可靠的致富方法。

適度儲蓄、明智投資是最乏味但最可靠的致富之路。這非常符合美國的清教徒傳統，根源深植於猶太教與基督教的美德價值觀。沒錯，勤儉的確可以致富。只要有工作，所有人都可以走這條路。數十年來，從蘇絲‧歐曼（Suze Orman）的個人理財叢書到《下個富翁就是你》（*The Millionaire Next Door*），教人如何儲蓄投資的書成千上萬，令人目不暇給。

第一步是儲蓄。但事實上，有些人不管收入多少，就是存不了任何錢。有些像伙年入50萬美元，但全部花光光。有些人則天性儉樸。有些人揮霍成性，但可以改善，有些則無可救藥。但要走本章所講的眾人之路，儲蓄是絕對必要的。

第二步是獲得不錯但並不驚人的投資報酬率。複利的效果有如魔法般神奇，即便是低下階層中兼職收垃圾的人，每年若能持續存下幾千美元，最終也能累積可觀的財富。能上富比世富豪榜嗎？不行。但任何人都有能力攢個數百萬美元。

注意：百萬美元現在已不算很多錢了！投資得當的話，百萬資產每年可產生約4萬美元的現金收益（理由稍後說明），不足以讓人覺得富有。但如果你有一份不錯的工作，而且嚴守理財紀律，要存下1,000萬美元或許並不難。此路並無迷人的魅力。勤儉跟魅力從來就搭不上邊！好消息是：走這條路不需要學位，甚至高中畢業也不必（但受過良好教育有助於覓得高薪職位）。此路無比開闊，是造就最多富翁之路。

工作與收入

想存更多錢就得賺更多，簡單不過的道理。收垃圾的人沒辦法像醫生存那麼多錢。這不是說醫生一定存很多錢，許多醫生是出了名的揮霍，但至少他們想儲蓄時能辦到。你應該在自己喜歡的領域找一份薪酬優厚的工作。如果你正身處夕陽產業，請換一份工作。如果你住在低所得地區，搬家吧。搬到哪裡？德克薩斯、佛羅里達或華盛頓州都不錯！這些州都不收州所得稅，十年後這些地方的高薪職位將比重稅州多。（請參閱第9章，以進一步了解為什麼某些州就是比另一些好。）

不管想做哪一行，請考慮成本／效益問題。你得唸多少年書？得實習多久？值得嗎？重溫第1章與第7章，了解哪一些產業前景看好。或許有人會氣沖沖地說：「但你應該做自己喜歡的工作！」對，但借用瑪麗蓮夢露的話：「天哪，如果你喜歡的工作賺很大，那不是更好嘛？」如果你真心熱愛社會工作、當幼稚園老師或縫被子，沒問題，你就努力節儉吧。還是能辦到的。我的客戶不乏郵差、教師與警察，他們都成功了。關鍵在節儉！

> 做自己喜歡的工作，但當然最好是這工作也很賺錢。

求職

無論是初進職場或想轉換跑道，請閱讀《這樣求職才能成功！》（*What Color Is Your Parachute*）。此書是理察‧尼爾森‧鮑爾斯（Richard Nelson Bolles）經典之作，可助你了解自己確切追求哪些事業目標，以及需要什麼。或許你會發現，你根本就不想要財富！坐上高薪職後如果做得很痛苦，那也不是長久之計。

如果你已經知道自己想做什麼，那很好，接下來就是找該產業中薪酬特優的公司。別看那些網路上的求職部落格與「聊天室」。這些地方充斥著對相關企業一無所知的求職者，以及滿腔怨恨、存心誤導的現職或前員工。我認識某位先生，他兒子跟我說，他所有的求職情報都來自聊天室。我一直想不到如何禮貌地告訴這位父親：你兒子是白痴。

要了解自己的目標產業，你得以私募基金經理的方式思考。好好閱讀《華爾街日報》，了解目標產業的情況。找一些自己認識的產業中人，跟他們聊聊。他們對產業有深入的了解，還可能提供一些有助你面試的資料，以及一些小道消息，例如誰誰誰賺多少錢。另一個好處：當你徵詢其他人的意見時，他們會覺得自己受重視，因此通常樂於幫忙。如果他們真的幫你找到工作，你受益匪淺，而他們也能得到很大的心理滿足。

推銷自己

求職其實不外乎是一場推銷——你就是產品。看到了吧，每一條致富之路都需要高明的推銷技術！你越懂得推銷自己，就能越快拿到高薪。建議你看 Jay Conrad Levinson 與 David Perry 合著的《*Guerrilla Marketing for Job Hunters*》。書中說「外包」造成問題的那一節是胡說，不必理會。但除此之外，此書是求職者的優質指南。Tony Beshara 寫的《*The Job Search Solution*》也不錯，有一些獨特、有益的洞見。

在 Monster、HotJobs 這些地方登錄自己的履歷表。但這還不夠，你必須推銷自己。開拓自己的人脈。致電那些暫時不請人的公司，要求進行「資訊蒐集面談」（informational interview）。和朋友的朋友，以及朋友的朋友的朋友吃飯。問他們在做些什麼。稱讚他們的工作很有趣。請他們幫忙。不要忘了，你需要體面的、專業的履歷表。Scott Bennett的《*The Elements of Resume Style*》對你會有幫助。

面試前找個朋友練習一下。記得不要主動提起個人私事，這會令對方很不自在，並對你失去興趣。想面試成功的話，請將私事留在家裡。

獲得聘請後，你的任務尚未完成。持續推銷自己，視自己為老闆的得力副手或CEO的可能人選（請看第2章與第3章，了解如何在企業中扶搖直上，賺取高薪）。你可能得有所取捨：當一名專家，還是走管理通才的路？兩者都可以很賺錢，但視工作領域而定，兩者的所得也可能有顯著差距。永遠不要停止事業上的成長與自我推銷。你或許不想這麼努力，你可以自己選擇；但記住，你賺越多就能存越多。而你存越多，你的投資報酬會越好，你可以因此更富有。

> 求職不外乎推銷自己。推銷得當可拿到更多聘書。

該存多少錢？

那麼，你到底該存多少錢？選定退休年齡，你就可以計算自己該存多少。你需要財務計算機或Excel的幫忙。（如果你對這兩樣東西都敬而遠之，找個年輕人幫你吧。）想一下到X這一天時自己需要多少儲蓄。200萬美元夠嗎？還是1,000萬美元？（如果你想要的遠不止於此，那麼你得有一份非常高薪的工作才行，否則就得選別的路走。）退休後你的開銷（經通膨調整）會比現在大還是小？屆時你的小孩是否已完成學業，支出因此變少？你可以不買渡假屋，存多一點錢嗎？旅遊呢？有其他收入來源嗎？某些理財顧問會建議你退休後維持70%的退休前所得。錯！這是很個人的問題，有的人需要多一點，有些人可以少一點。選一個基於當前物價的金額，安全起見算寬鬆一點。然後算一下到X那一天，經過多年的通貨膨脹，這到底是多少錢。

但該怎麼算呢？其實很簡單，雖然接下來的公式可能令一些人看到就頭疼。基本上，你假定某個通膨率，然後選一個未來的時間，譬如說30年後。然後你就可以計算30年之後，今天1塊錢的購買力屆時相當於多少錢（將通膨率視作利率，然後以複利方式計算）。公式如下：

$$FV=PV\times(1+R)^n$$

你可能已經忘了自己學過這公式，我就再說明一下好了。FV代表**未來值**（future value），也就是今天的1塊錢經過n年後，在複利作用下會變成多少錢。PV代表**現值**（present value），也就是當下的金額。R代表利率，在此例中我們以通膨率代替。n代表從現在到未來某一天有多少年。

如果你每年需要10萬美元（現值），假設通膨率平均為3%，那麼30年後這到底是多少錢？找數字代入上述公式，使用Excel（該程式有提供FV的計算捷徑）或計算機即可算出來：

$$\$100,000 \times (1 + 3\%)^{30} = \$242,726.25$$

也就是說，30年後要維持現在一年10萬美元的生活水準，你需要約24.3萬美元（如果通膨率高於3%則需要更多）。那麼，要維持這樣的生活水準，你得存多少錢？這問題比較簡單。如果你希望自己的儲蓄足夠過一輩子，一般來說你每年用掉的現金不應超過總儲蓄的4%。因此，24.3萬美元除以4%，得出607.5萬美元。你得存600萬美元。

為什麼是4%

前面我說，一般而言你每年開銷不應超過總儲蓄的4%，這樣你的錢才夠花一輩子。但股票的長期年均報酬率不是超過10%嗎？或許是，要看你講的是哪一段時間。既然有這樣的年均報酬率，那每年不就可以花10%嗎？不對——除非你想很快耗盡儲蓄。

股票的報酬率每年可能大不相同：如表10.1所顯示，極端的報酬率遠比「正常報酬率」更常見。股價重挫的年度比你想像中罕見，但你一生中總會碰上幾次。倘若某年股價重挫而你還用掉儲蓄的10%，那你未來不但必須追回股市下挫的損失，而且還將因用掉10%令自己財力顯著受損。長期而言，這種殺傷力可以很嚴重。

以簡單的蒙地卡羅模擬法（Monte Carlo simulation）演算一次（可以上這網站：http://www.moneychimp.com/articles/volatility/montecarlo.htm），你會發現，每年開銷不超過總儲蓄的4%，你的錢終身夠用的機率最高。

存600萬美元？？？

好像太多了。怎麼可能存那麼多？每年存20萬美元，持續30年？很少人做得到。你實際上會存少一些，然後持續投資。30年下來，複利的神奇作用會讓你存得600萬美元。那麼實際上每年該存多少錢呢？

$$(i \times FV) \, / \, ([\,1 + i\,]^n - 1) = PMT$$

PMT代表你每年該存的金額，也就是我們想知道的數字。i代表利率，也就是你假定自己每年可以獲得的投資報酬率。n代表從現在到未來你開始動用儲蓄之年數。FV一如前一公式，代表未來值，在此例中就是600萬美元。（如果這公式讓你覺得頭痛，Excel有一個計算未來值的功能，你可以請教你的年輕朋友。）

表 10.1 美股年度報酬率一覽:「正常時期」僅佔三分之一

標準普爾 500 指數 年度報酬率區間	自 1926 年以來 出現的次數	頻率	
＞ 40%	5	6.1%	37.8% 的時間報
30% 至 40%	13	15.9%	酬率非常高
20% 至 30%	13	15.9%	
10% 至 20%	16	19.5%	34.1% 的時間報
0% 至 10%	12	14.6%	酬率屬平均水準
−10% 至 0%	12	14.6%	
−20% 至 −10%	6	7.3%	
−30% 至 −20%	3	3.7%	28.0% 的時間出
−40% 至 −30%	1	1.2%	現虧損
＜ −40%	1	1.2%	
總次數	82		
報酬率簡單平均值	12.2%		
報酬率年率化均值	10.3%		

資料來源:Global Financial Data.

讓我們假設 i 為 10%(大約等於我估計的股票長期平均報酬率)。FV 為 600 萬美元,而你將於 30 年(n)後退休:

$$(10\% \times \$600 萬) / ([1 + 10\%]^{30} - 1) = \$36,475.49$$

答案就是,30 年後要有 600 萬美元,每年得存 3.6 萬美元,也就是每個月 3,000 美元。還是覺得很多?那你了解高薪的好處了吧?但其實每年要存 3.6 萬美元並不難:

- 充分注資自己的401(k)退休儲蓄帳戶，2008年的上限是15,500美元（這筆錢還可以暫時不必課稅！）。

- 如果你的雇主像我的公司一樣，為你的401(k)帳戶注入最高金額的50%，那就有7,750美元（雇主送給你的儲蓄！）。

- 再充分注資自己的個人退休帳戶（IRA），2008年的上限是5,000美元。

加起來已經有28,250美元。也就是說，你每年只需要再存7,750美元——每個月646美元——在一個應課稅的帳戶中，即可完成儲蓄任務。很容易！如果你已婚，安排配偶透過401(k)及／或IRA儲蓄。你或許整筆儲蓄都可以延後課稅！（存進401(k)與IRA中的所得暫緩課徵所得稅，退休動用時才課徵。）

每年存3.6萬美元現在對你來說或許不切實際。那你應該放棄嗎？不！在Excel中試算一下：如果你每年能逐漸增加儲蓄，假定某個報酬率，調整一下你的儲蓄額，直至你期望的儲蓄目標達成為止。這就是你的儲蓄大計，持之以恆即能達成目標。記住，金錢是有時間值的：早一點存下來的儲蓄比較值錢。年輕時盡可能多存一些錢，晚年就輕鬆得多。簡單不過的道理！

> 估算一下自己退休時想有多少儲蓄，然後擬訂儲蓄計劃，持之以恆。

時間值的影響到底有多大？大到超乎你想像。假設年均報酬率爲10%，60歲時想要有600萬美元，25歲開始儲蓄的話，每年只需要存2.2萬美元。充分注資自己的401(k)與IRA帳戶，加上雇主爲你401(k)帳戶注入一些，你已經可以達成目標。但如果你40歲才開始儲蓄，你每年就得存10.5萬美元，否則就不要在60歲時退休，再不就放棄600萬美元的儲蓄夢吧。你自己選擇。

3%的通膨率以及10%的報酬率僅爲假設值，你可以更改假設，看看對自己的儲蓄計劃有何影響。例如，你可能比較悲觀，認爲未來30年股市年均報酬率只有6%，那麼你就得多存一些錢。我並不是說每年存3.6萬美元很容易。我只是算給你看，讓你知道如何擬訂儲蓄計劃，然後嚴格遵守以達成目標。

見鬼！到底怎樣才能存到錢？

再說一遍：薪酬優渥的工作很有幫助。生活節儉當然也有幫助。書店裡教人如何節儉的書滿坑滿谷，我甚至都不必提書名了。這些書大同小異，不外乎告訴你：盡量不要在外邊買摩卡／焦糖／拿鐵咖啡；信用卡帳單一定要按時付清；少買名牌；買中古車；少上館子，多在家煮飯。都是一些無需用腦的事。但有些人無論如何就是辦不到。如果你能做到，很好！如果不能，請自我改造（非常困難），再不就找一份薪水更高的工作吧。

如果你覺得自己真的沒辦法存那些多錢，結果會怎樣？以下舉一個例子說明。事先聲明，你可能會嚇一跳。假設你每年只能存2,000美元，這樣30年後你會有多少錢？你要算的是未來值（FV），用以下公式即可（你現在應該很熟了）：

$$PMT \times ([(1 + i)^n - 1] / i) = FV$$

你承諾自己明年存多一些錢，但你會嗎？延用前述例子中的報酬率假設（i＝10%），並假定PMT（每年的儲蓄額）為2,000美元：

$$\$2,000 \times ([(1 + 10\%)^{30} - 1] / 10\%) = \$328,988.05$$

每年2,000美元，年均報酬率10%，30年後你會有32.9萬美元。假設一年用4%（這樣才夠用一輩子），你每年可用1.3萬美元（以2008年物價計算為6,150美元）。你覺得這樣夠有錢嗎？

令人滿意的投資報酬率（請買股票）

在上述例子中，我們一直假定年均投資報酬率為10%。但事實上做得到的人很少。多數專業投資者都沒辦法取得這樣的報酬率，雖然這其實並不難。

那你要怎麼做才行？很簡單：投資股票。你的投資組合基本上應長期持有很高比重的股票。你得全球分散投資，可用摩根士丹利資本國際公司（MSCI）的世界指數（World Index）或所有國家世界指數（ACWI Index）爲基準（www.mscibarra.com）。我是超級股票迷，因爲股票的長期報酬率明顯較佳。不過你得確定自己的目標、投資年期以及現金需求，投資年期很短的投資人不適合持有100%股票的資產組合。但這應該不是你。本章假定你的投資年期很長，追求長期的資本增值。因此你需要大量投資股票，幾乎一直如此。

　　有時股市看來顯然將走一波大空頭，爲降低損失，你可能得將資金轉移至債券或改持現金。若股市如預期重挫而你又能及時調整資產配置，你的投資回報將顯著超越股市。例如，假設你的投資基準是MSCI世界股價指數，而該指數某年下挫20%，但你的資產組合僅虧損5%，你的報酬率即超越股市15個百分點——了不起的成績。但事實上，眞正的空頭市場並不像媒體渲染的那麼常見。而如果你眞的那麼厲害，能準確預測空頭的來臨，那你應該走理財業的路（見第7章）。

> 若想儲蓄致富，你必須持有很多股票——幾乎一直如此。

　　絕大多數人的投資年期遠比他們自己想像的長（我們很快就會講這一點），而如果你對資產增值不感興趣，我想你也不會看這本教人發財的書。

你可能比自己想像的長命

　　所有資產都押在股票上讓你很害怕嗎？這其實並沒有多數人所想的那麼危險，因為多數人都搞錯了自己的投資年期。人們通常這麼想：「我現在50歲，我想60歲時退休，因此我的投資年期是10年，應該依此年期投資。」大錯特錯！除非你不介意老來沒錢，否則你的投資年期應該要是你的資產必須維持的時間──通常也就是說資產必須夠你或你的配偶用到離開人世為止（即至少必須夠你們在世時花用）。而如果想留錢給下一代，你的投資年期就更長了。

　　但明白上述概念的人還是常常低估了自己的投資年期，因為他們低估了自己的壽命。圖10.1根據美國國務局的餘命表（mortality table）編制，顯示美國人的餘命（餘下的壽命）中值，以及75%與95%（分別比75%與95%的人長壽）的餘命值。X軸顯示目前的年齡，Y軸則顯示餘下的壽命。例如，最下方的虛線顯示，一名壽命屬中值水準的美國人若現年65歲，估計還有20年的壽命。

　　所以，如果你現年65歲而且壽命屬社會平均水準，你還有20年要過。一半人會比你長壽。如果你身體健康，而且家族以長壽見稱，你還來日方長呢！並且，安全起見，你必須假定自己比較長壽，以免到了85歲時，人還健在但錢已花光。身體健康的65歲人士至少應預期自己還有35年的日子要過。

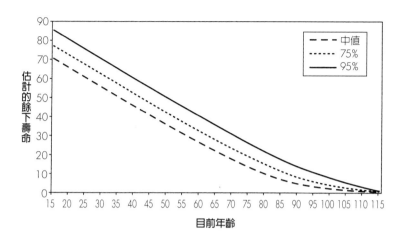

圖10.1　美國人之預期壽命

資料來源：美國國稅局 Revenue Ruling 2002-62 餘命表。

不要忘了現代人越來越長壽。如果你現在還年輕，到你65歲時，餘命中值可能比現在長多了。

那怎樣呢？也就是說，你越長壽，資產組合以股票為主的日子就越長。圖10.2顯示投資年期與股票資產比重的關係。投資年期15年或以上者（像你），如果晚年想過得寬裕，應百分百持有股票。

混淆的目標

投資人常犯的另一個錯誤是目標混淆不清。絕大多數人沒辦法簡潔清楚地說明自己的目標。我們都覺得自己是獨特的

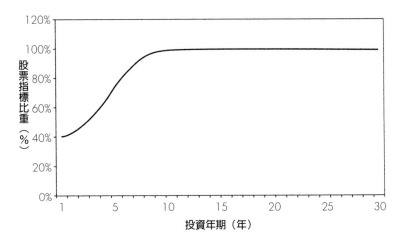

圖 10.2　股票指標比重與投資年期

（沒錯，像所有其他人一樣獨特），因此我們的目標也必須是獨特的。錯。金融業者喜歡搞些異常複雜的調查與問卷，把人唬得一愣一愣，好證明自己收取高昂的服務費是合理的。但其實投資的主要目標不外乎三大項：

1. **增值**（Growth）。為免將來生活拮据，你希望自己的儲蓄增值越多越好。你或許還想留一筆錢給兒女、孫兒女，或是白化雪豹，或任何你熱衷的事物。

2. **收益**（Income）。你需要資產為你貢獻現金收益，好讓你有錢支付生活開銷。只要現金持續夠用，你並不在乎資產是否增值。

3. **增值加收益**（Growth and income）。你追求某程度的資產增值及某程度的現金收益。

99.993%的讀者適用這三大目標的其中一項。我沒有將保本（capital preservation）列為目標。保本聽起來很好，對吧？但這意味著不冒任何風險，因此資產也就無法增值，對想儲蓄致富的你一點也不好。名副其實的保本策略意味著資產的購買力按通膨率萎縮。保本又增值是金融業的神話。永遠不可能的事！要追求資產增值，你得承擔風險。要保本，你得完全規避風險。向你推銷保本加增值策略的人是在騙你，不論他自身了解與否。若想儲蓄致富，你能接受的股票比重越高，對自己越有利。

正確的策略

好，你已經知道自己需要持有股票，最好是全球分散投資，例如以MSCI世界指數為指標。然後呢？資產配置大部分時間緊隨指標就可以了。聽起來很簡單，對吧？但你難以想像我有多常聽到人家對我說：「沒錯，我是應該設定一個股票投資基準，但股市**目前**讓我很擔心。我還是暫時持有債券和現金比較安全些。」人們總覺得大部分資產放在債券與現金上**比較安全**。持有債券可降低波動性，這樣很安全，對吧？

錯！當你應該百分百持有股票時，持有現金與債券其實再危險不過了！因為你嚴重地偏離了自己的計劃，增加了自己未能達成目標的風險，而且差距還可能很大。這並不安全，危險得很。例如倘若你的指標股價指數年報酬率高達30%，但你因為持有債券，報酬率僅為6%，你或許不會感到不安，但你的投資報酬已較指標指數落後24個百分點。你已經遠遠落後於指標指數。如果要追回來，你得持續24年、每年投資報酬率超過大盤1個百分點——有夠難的。

> 全球分散投資對你比較有利。

全球投資

為什麼要強調全球投資？標準普爾500指數代表性還不夠嗎？如果你將新興市場也算進來（一般來說是應該算進來的），美股僅佔全球股市的41%左右。[1]如果不做全球投資，你會錯失一些賺取高回報以及降低波動性的機會。為什麼可以降低波動性？很簡單，你的指數覆蓋面越廣，波動就越和緩。

想一下那斯達克（Nasdaq）指數：覆蓋面很窄，波動非常劇烈—— 1990年代末暴漲後即暴跌。代表性較廣的指數波動較和緩，而代表性最廣的莫過於全球指數了。此外，如圖10.3所示，美股與非美股的報酬率此起彼落，互有領先，而且數年

---

[1] Thomson Datastream 2008 年 5 月 31 日的數據。

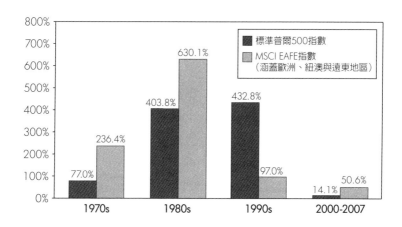

圖10.3 美股與非美股報酬率此起彼落

資料來源：Global Financial Data, Thomson Datastream, MSCI Inc.[2] 截至2007年12月31日之數據

下來差距可以很大。你無法知道接下來報酬率領先的是美股還是非美股，因此應該全球投資，兩者皆持有。如果你真的能準確預測兩者的走勢，那麼，還是那句話，你應該進理財業。

---

[2] MSCI公司聲明：MSCI的資料僅供閣下內部使用，不得以任何形式複製或再散播，亦不得用於創造任何金融工具、產品或指數。MSCI資料依「原狀如此」（as is）之基礎提供，使用者自行承擔以任何方式使用此資料之全部風險。MSCI、MSCI所有關係企業、所有跟MSCI資料之匯編、計算或創造相關之人士（統稱「MSCI人士」）明確拒絕對本資料提供任何保證（包括但不限於對原創性、準確度、完整性、及時性、非侵權、適銷或適合作任何其他用途之保證）。在不限制前述條款之情況下，任何MSCI人士在任何情況下不承擔對任何直接、間接、特殊、偶發、懲罰性、隨之發生的（包括但不限於盈利之損失）或任何其他損失之責任。

被動或積極？

接著呢？你想花多少時間打理自己的投資？還是你想專注做好工作，盡量多賺一些錢來儲蓄投資？如果你說自己想花很多時間在投資上，請容我說一句：「真的嗎？」既然走勤儉致富這條路，我想你不大可能有足夠的空閒成為投資專家。要知道投資是非常困難的事，多數人都是失敗者。如果你真的很有決心，請閱讀我2007年的《紐約時報》暢銷書《投資最重要的3個問題》（*The Only Three Questions That Count*，財信出版中譯本）。你應該了解的重點，這本書都涵蓋了。

不要理會那些聲稱有「賺錢神奇公式」或告訴你「只要買這些類股就好」的人。多數理財書只會誤導你，因為很多作者都錯誤假定某一規模、風格或類型的股票將永遠表現優異。錯！（我在《投資最重要的3個問題》中詳細解釋了原因。）事實是，投資報酬率若想長期超越大盤，唯一的辦法是知人所不知（掌握一些其他投資者不知道的信息），而且必須一再如此。提醒你：這真的非常困難。

如果你的時間不太夠用（走勤儉之路的人幾乎都是這樣），那麼你該怎麼做就取決於你有多少錢以及想被動或積極投資而定。（**被動**投資是指資產配置緊跟指標指數，獲取與大盤一致的報酬率。**主動**投資是指偏離指標指數，希望靠自己的眼光與判斷獲得優於大盤的報酬率。）如果你的錢少於20萬美元，被動投資就可以了。

　　許多人會嘗試積極投資，但他們表現不如大盤的機率高達
八成以上，而且可能落後很多。積極投資的成功者相當少。
如果你的錢少於20萬美元，你的主要投資工具應該是共同基
金。這是非常普及的投資工具，但成本高昂，而且租稅上對你
不利。當你的共同基金投資實際上虧損時，你還可能收到資本
利得的稅單（你擁有基金，必須為基金中所實現的資本利得納
稅），真是發神經的稅法。只有美國才這樣！海外沒這種事。

　　此外，多數基金的表現遜於大盤，而你根本無從預測它們
的表現，這對你的投資績效非常不利。只要將資產分散配置在
數檔積極型基金上，你的投資績效幾乎將肯定不如被動型投資
策略。

正確的被動投資法

　　被動投資很容易執行！執筆當下全球股市的成份大致是：
美股41%、美國以外的已開發市場47%，以及新興市場12%。[3]
先找一家收費便宜的券商開戶——哪裡都好，網路上的折扣
經紀商也可以。接著依全球股市的成份購買指數基金或指數
股票型基金（ETF，純被動型基金，像個股一樣在交易所掛牌
買賣，租稅上視為個股而非基金）：花41%的錢購買費用低
廉的標準普爾500指數基金或ETF，47%的歐洲、澳紐與遠東

---

[3]　見註1。

（EAFE）以及12%的新興市場指數基金或ETF。當你儲蓄增加時，按同樣的比例配置資產。然後一直放著就行，就像第8章中朗恩‧波沛爾所講的：「裝好之後一切免操煩！」就這樣，數十年不動。

　　你應持有收費廉宜的基金，這一點非常重要。標準普爾500指數基金方面，你可以買「Spider」ETF（股號為SPY）、iShares ETF（IVV）或Vanguard的指數基金（VFINX）。不管你怎麼選，請確定自己買的是收費便宜、簡單、純粹的ETF或指數基金。有一些基金公司收費較高的產品也冠上「指數基金」的標籤，不要上當了。能省則省。EAFE股票可考慮iShares ETF（EFA）、Vanguard的ETF（VEA）或該公司的VDMIX。新興市場股市則可買iShares ETF（EEM）或Vanguard的ETF（VWO）。經紀商可能會針對這些產品徵收數額不一的額外費用，也可能不收。ETF與指數基金的差別很小，可能會有30個基點的成本差異──選比較便宜的即可。

自己來，或請人幫忙？

　　你的錢遠不只20萬美元？（太好了！你令世界更美好。）那你就應該買個股了，費用較低，而且稅負上比較有利──千真萬確。人們往往忽略了共同基金的昂貴費用，基金的開銷、經紀商的佣金等各項費用加起來，你的錢每年可以被吃掉2.5-3.5%，甚至更多。

　　如果你的資金在20萬至50萬美元之間，ETF策略比較適合你。（記住，ETF追蹤指數表現，但交易各方面就像個股一樣。）資金在50萬美元以下，購買個股很難充分分散投資。但資金只要超過20萬美元，你就能透過ETF進行國家與產業層面的配置，做對了可提升你的投資報酬率。如果可動用的資金超過50萬美元，那你絕對應該買個股。忘記共同基金！太不划算了。

　　但還是那個問題：被動還是積極？被動投資的績效勝過多數嘗試積極投資的人。若選擇被動投資，你應持有可代表全球股市的一組個股。你可以上www.tenroadstoriches.com，按一下「Fisher 1500」──全球市值最大的前1,500檔個股，每季更新一次。你不必持有全部1,500檔個股，那太貴了；買最大的100檔個股，你的資產配置已足夠「全球性」了。若想更全面一些，你可以購買一定比重的全球小型股ETF（像State Street的國際小型股ETF，股號GWX），這是最便宜的方式。這就是被動式投資。儲蓄增加時，就按比例增持這些股票。除此之外，什麼都不必做。

　　無論你是持有ETF的較小型投資人還是持有個股的大戶，若想積極投資以超越大盤表現，你都得聘請一名投資經理人。這也並非易事。你必須問對問題。你不會想請那些「管理」共同基金組合或「嚴選」經理人代客操作的人。請這種人只是給自己製造多一層的成本，降低投資報酬率而已。不要找中介人，要找那些眞正負責投資決策、了解自己在做什麼的人。這樣的人並不多。以下爲你列出你應該向可能聘請的投資經理人提出的問題清單。把它們背起來。列印一份，隨身攜帶。

甄選投資經理人時該問的問題

沒時間或沒能力自己理財致富嗎？很多人跟你一樣。但是，要選對投資經理人並不容易。以下問題可以助你評估對方是否適合當你的投資經理人。

管理我的帳戶時，最重要的決策莫過於資產配置……

- 誰負責調整或建議調整我的資產組合？你嗎？還是貴公司其他人？最終拍板定案的是我嗎？
- 主導我的資產組合重新配置的首要因素，是你對市場的看法，還是我的需要？
- 我的資產配置多久檢討一次？
- 如果你預測市場將走空頭，我的資產配置會如何調整？如果預期走多頭呢？
- 誰負責做這種對市場走勢的預測？以往的預測有多準確？
- 過去十年來，你建議的資產配置有何改變？
- 你具體追蹤哪一些指標來研判市場未來走勢？
- 你的市場預測如何影響你對資產配置的建議？

各國市場的表現向來此起彼落，未來亦將如此……

- 誰負責調整我資產組合中，國內與國外資產的比重？

- 你（或你公司）如何知道美股的比重何時應加碼或減碼？幅度如何釐訂？
- 你（或你公司）如何決定哪些國家適合投資，哪些應迴避？
- 誰負責做這些決定？他們過往績效出色嗎？這些往績可驗證嗎？

股票投資風格安排不當可能嚴重損害績效……

- 貴公司的股票投資風格屬哪一類型？大型股還是小型股？成長型還是價值型？還是全方位？
- 這種投資風格是固定不變？還是會持續調整？
- 促使你們轉進或撤離小型股／大型股的是什麼因素？價值股或成長股又如何？
- 促使你們轉進或撤離特定產業的是什麼因素？

投資經理人的利益應與我高度一致……

- 你是註冊投資顧問，還是經紀商？
- 除了我直接支付的服務費外，你還收取哪些報酬（例如銷售保險產品的佣金、銷售公司持有的股票或債券之獎金、出售債券的差價）？
- 可以證明一下貴公司的資產管理能力嗎？例如，可以給我看：
  - 你們的客戶帳戶按GIPS會計準則計算的績效？
  - 策略市場決定的公開記錄？
  - 你的決策如何助你度過上次空頭市場，並迎接隨後的復甦？

堅持持有股票，除非……

股市有時跌幅驚人，但多數年份是上漲的。在2003年以來的多頭市場中，許多人一直在抱怨股票有多糟糕，而且一再預測股市將崩跌。但股市還是逐年走高：2003、2004、2005、2006，以及2007。以五年期表現衡量，股市幾乎總是上漲。1990年代的多頭市場幾乎持續了整整十年，1980年代亦然。在這些時期，你無疑應持有股票。而你未來也應如此。

相信我，堅持持有股票比你想像的難。市場一旦開始劇烈波動，你總會很想退場觀望。不要這麼做，除非你真的、真的、真的非常肯定股市未來相當長一段時間將大幅下跌。問一下自己：你真的有預測市場走勢的秘訣嗎？我想你沒有。還是那句話，果真這麼厲害，你應該自己做理財生意（見第7章）。

你怎麼知道股市將進入空頭市場呢？這是很難斷定的事。當所有人都認為空頭將屆時，結果肯定不是這樣。專業人士對空頭市場的預測常錯得離譜。媒體更糟糕。因此，如果大家都認為熊市要來了，你就知道自己應持有股票。同樣的建議：如果你想深入了解空頭市場，請看我2007年那本書。如果連這一點自學都不願意，你就不應該自己做這種判斷。

學習接受熊市

即使你滿手股票時遭遇熊市衝擊，那也沒什麼大不了。股票長期報酬率較高，這當中已計入空頭市場的跌幅。你並非一定得避過每一場熊市。真正的被動投資人不管景氣好壞都不會退場觀望，永遠嚴格追隨指標，管它泰山崩於前！而且他們的投資績效還顯著優於多數的積極型投資人。要準確預測大盤走勢，你真的必須非常清楚自己在做些什麼。很少人有這樣的能力。因為實在很難。

提醒你：修正跟空頭大不相同。修正是漲多拉回，短暫、突然的劇跌，可能把你嚇個半死。每年總有一兩次顯著的修正，不要被騙了。固守你的部位，幾個月後就漲回來了。真正的空頭市場開始時，跌勢和緩，投資人鎮定如常。市場觸頂後，人們還很樂觀，此時看空的人會被視為瘋子。股價逐月小幅走低，戲劇性的急跌尚未出現。在此同時，基本面因素開始反轉，但很少人注意到。空頭市場並非以急跌開場的，即使1929年的股市崩盤也不是——如果我們以正確的方式衡量的話。（請參考我1987年撰寫、2007年更新的著作《華爾街的華爾茲》。）

債券風險比股票更高，沒騙你

等等！股市不是可能重挫嗎？犧牲一點報酬、換取高枕無憂的安穩舒適，不是很好嗎？不好。記住，本書講的是致富的10條路，並非致富的9條路附贈高枕無憂的一條路。長期而言，股票風險並不大。短期而言，股價可以劇烈波動，令人心生恐懼。你應克服內心畏縮的傾向。許多投資人的長期績效不如理想，因為他們未能銘記：短期波動並不重要──幾乎完全不重要！致富之路是很長的。以下資料顯示美股與美債的20年期投資報酬率對比。很簡單的比較。自1926年以來，共有63個20年期。其中有62個時期股票報酬率超過債券：平均為927%對243%！債券報酬率優於股票只有一個時期：1929年初至1948年底，期間美國經歷大蕭條與第二次世界大戰。但期間債券報酬率也僅以1.4對1的比率超越股票。由此可見，長期而言，持有債券真的划不來。

美股與美債的報酬率對比

自1926年以來，在63個20年期中，股票報酬率在62個時期（佔98%）超過債券。

	股優於債的20年期間平均總報酬率
美股	927%
美債	243%

期間股票報酬率以3.8對1的比率拋離債券。

債券報酬率僅於1929年初至1948年底期間高於股票，但也沒有高很多。

	債優於股的20年期間的平均總報酬率
美股	84%
美債	115%

期間債券報酬率以1.4對1的比率拋離股票。

資料來源：Ibbotson Analyst, Copyright 2008, Morningstar Inc.

還是不相信股票比較好？多數人認為債券比較安全。如果你只考慮短期波動風險，的確是這樣。但事實是：只要時間拉長一些，股票的報酬率不但遠優於債券，而且還更可靠。圖10.4顯示美債經通膨調整的稅後報酬率，每年數值為此前三年的年均報酬率。試與顯示美股報酬率的圖10.5比較一下。

只要將投資期拉長到三年，股票出現虧損的頻率即低於債券。即便是市場視為最安全的美國公債，也會出現連續多年的負實質報酬率，而三年年均實質報酬率逾10%的情況則非常罕見。沒錯，股票出現虧損時，幅度顯著較大，但這在那麼多的高報酬率年度下就顯得微不足道了。由此可見，如果投資年期較長（你正是如此），股票的風險其實比較低。

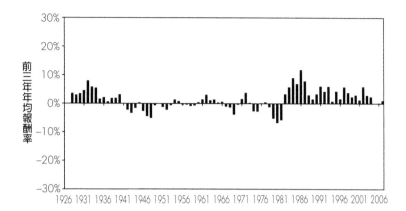

圖10.4　1926-2007美國十年期公債稅後實質報酬率

資料來源：Global Financial Data.

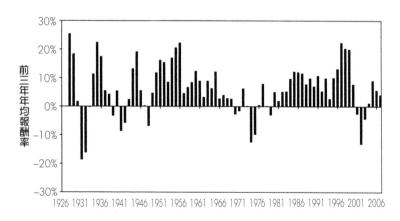

圖10.5　1926-2007美股標準普爾500指數稅後實質報酬率

資料來源：Global Financial Data.

有些瘋子相信「一切已今非昔比」、世界變糟了、資本主義很恐怖，股票不行了。永遠、永遠！如果你也相信這一套，我只能建議你找一個好醫師了。

有些人是無論如何不會百分百持有股票的。如果你也是這樣，沒問題！只是你得記住，計算自己每年該存多少錢時，你必須假定一個較低的報酬率。如果你不利用股票較高報酬率的神奇複利作用，勤儉致富之路會走得比較慢，也比較艱苦。你的目標還是能達成，但需要較長時間。我們先前舉30年存600萬美元的例子，假定報酬率為10%，每年得存3.6萬美元。如果你將報酬率降至7%，每年得存的錢即增至6.35萬美元，你得找一份更高薪的工作才行。如果你辦得到，很好！如果不行，你可以晚幾年退休，或早一些開始存錢（600萬美元，7%報酬率，分40年存的話，每年只需要3萬美元）。要不早點死也可以。你自己選吧。

股票、股票，更多股票……

我沒有告訴你如何挑選優質個股，首先是因為沒有人能花一章的篇幅就教會你選股。想學選股可以看我的第一本書《超級強勢股》以及第四本書《投資最重要的3個問題》。此外，你一旦決定了股票、債券以及現金的資產比重，你的投資報酬率即大致底定。選股即使選得對，對報酬率的貢獻仍相對有限。我的公司靠這吃飯。相信我吧。

華爾街女巫的故事

　　適度儲蓄、明智投資是最多人走的致富之路，但這條路上的名人榜樣相當少。其中一位是韓蒂・葛琳（Hetty Green），她是我喜歡的例子之一，但為人實在太吝嗇了。韓蒂不太碰股票，極少追求高回報，目標報酬率基本上是6%（當年還沒有所得稅這回事），多數資產放在債券上。只有當市場高度恐慌、股價非常便宜時，她才會買進股票。市場陷入危機，灰心的人恐懼啜泣時，韓蒂反而能樂觀看待前景，展現異乎尋常的冷靜沈著。

　　韓蒂1916年逝世，留下約1億美元的遺產。[4]她一分一毫都存下來，並不需要較高的投資報酬率。她神經質地省錢存錢，不花錢買衣服，永遠穿同一條黑裙子。她保管證券的方式超有創意（當時還沒有網路交易！）：將它們縫進裙子以及披肩裡，安全又保暖。看過的報紙她會叫兒子賣掉。雖然家財萬貫，但她住的是沒有熱水與暖氣供應的房子，吃的主要是燕麥粥與含全麥粉的酥餅乾。當她年幼的兒子滑雪橇弄傷腿時，她不肯花錢看醫生，寧願到免費診所排隊，用自製的藥糊敷腿。結果兒子的腿生壞疽，孩子的父親（和韓蒂離了婚，受不了她的過度節儉）不得已付錢讓兒子截肢——因為韓蒂連這種錢都

4　Almanac of American Wealth, "Wealthy Eccentrics," *Fortune* http://money.cnn.com/galleries/2007/fortune/0702/gallery.rich_eccentrics.fortune/2.html.

不肯付！

　　一個大嬸累積了1億美元的資產，這在當年不只是罕見，實際上是聞所未聞。她坐擁鉅款但穿著寒酸，許多人因此稱她爲「華爾街女巫」。

　　由此可見，要儲蓄致富並不是非得靠股票的高報酬率不可。但我猜你不會讓自己的孩子搞到要截肢的地步。你可以學韓蒂，但也可以克服恐懼，投資更多股票。否則你就計算一下，在報酬率較低的情況下自己需要存多少錢。

儲蓄致富的書單

　　教人儲蓄與投資的書成千上萬，多數不太理想，總是不斷重複相同的建議。如果這些建議眞的管用，你不必一再重複閱讀——看一本就夠了。但不要灰心，你可以看我之前建議的書，或是以下幾本。

- 《改變一生的超級禮物》（*The Ultimate Gift*），吉姆・史都瓦（Jim Stovall）著。我給兒子們每人買了一本。這本書講一個故事，傳遞一個關鍵訊息，不僅跟金錢觀有關，更重要的是如何做一個更好的人。
- 《下個富翁就是你》（*The Millionaire Next Door*），湯瑪斯・史丹利（Thomas J. Stanley）與威廉・丹寇（William D. Danko）合著。這一本並不教你如何存錢與投資，但面世

時令許多讀者大開眼界。沒錯，許多富翁是社會中不起眼的人。

- 如果你分不清股票、債券以及肉牛期貨，請看Eric Tyson 所著的《*Investing for Dummies*》。看了你就懂得如何開一個帳戶、指揮你的營業員以及開始買股票。

- 《投資最重要的3個問題》(*The Only Three Questions That Count: Investing by Knowing What Others Don't*)，作者正是在下。告訴你一個事實：多數投資理財的書對你的健康不利。這些書告訴你「只要買這些股票就好，其他的可以不理」，要不就暗示投資有神奇的成功公式。都是胡說八道。這些書提供的招數，可能有數以百萬計的人會看到，你不可能靠它們超越大盤。想要打敗大盤，你必須知人所不知。這是很困難的事！我這本書會教你如何使用一些統計數據、動動腦筋，洞悉出多數人尚未掌握的信息。想進一步學習的話，請參閱我另外三本講股市的書：《超級強勢股》(*Super Stocks*)、《華爾街的華爾茲》(*The Wall Street Waltz*)以及《榮光與原罪——影響美國金融市場的100個人》(*100 Minds That Made the Market*，當中有韓蒂·葛琳的生平敘述)。

儲蓄與投資指南

儲蓄、投資是最多人走的致富之路。只要方法正確，效果相當可靠。不，你不會成為超級富翁——除非你神經質地節儉，靠燕麥粥糊口（像韓蒂·葛琳）。但只要跟著以下步驟做，你可以輕鬆存起數百萬美元，歡度退休生活。

1. **找一份薪水不錯的像樣工作**。你的工作薪水越高（或將來薪水會很高），你就越能輕鬆地多存一些錢。做自己喜歡的工作，但最好是這工作也付你優渥的薪酬。

2. **算一下自己想要或需要多少儲蓄**。存錢不能沒有目標。想一下自己想過什麼樣的生活，需要什麼樣的財力。別忘了考慮通膨因素。

3. **算出自己每個月需要存多少錢**。根據儲蓄目標，算出自己每個月得存多少。你不必每月或每年都存同一金額，年輕人尤其如此。你可以擬訂計劃，逐步提高儲蓄額。但記住，早一點存起來的錢價值更高。現在就開始吧。

4. **開始存錢**。怎麼存？你可以節儉一些、賺多一些，或用任何可行的辦法實踐自己的儲蓄計劃。很多書提倡節儉，但有些人就是沒辦法。如果你也是這樣，想辦法多賺一些錢吧。

5. **賺取合理的投資報酬率**。想儲蓄致富，你得投資股票，而且必須長時期持有高比重的股票資產。股票長期而言報酬率較高，而你如果走這條路，投資年期必然很長。如果真的受不了股價波動的刺激，請相應調整：降低預期報酬率、提高儲蓄額。只要規劃得當且堅守紀律，降低股票資產比重並不妨礙你儲蓄致富。

結語

　　當我寫這本書時，許多人常跟我說類似的話：「你不應該鼓勵人發大財。不是每一個人都有這種能力。而且，這讓人感覺『骯髒』。鉅富仍是骯髒的。」

　　首先，將「鉅富」與「骯髒」掛鉤真的完全沒道理。只要看過本書全部內容，相信你已看到大量事例證明財富是好事。認為財富骯髒是一種社會迷思，根源在於無知，以及多數人欠缺與鉅富們往來的親身經驗。其實這世界上最精彩、行善最積極的人，當中不少是鉅富。我堅信，如果我們能讓所有人都富有，這世界會美好得多。

　　或許的確不是每一個人都能致富，但我們也不能否認所有人都有致富的可能。我相信你能做到，問題只是你想不想。我相信很多人能合理地追求數百萬美元以至更大金額的財富，而且不必損害任何人的利益。問題是，唱反調的人不像我對你這麼有信心，他們認為你不應嘗試、不應致富、不能致富。但我知道你可以。我知道還有很多人，只要稍微規劃一下，走正確的路，積極進取一點，一定可以成為富翁。

　　財富批判者見證的致富例子可能沒有我那麼多，因此不曉得致富的各種可能性以及巨大的好處。困難嗎？是的。長時間工作？技術？不屈不撓？是的，是的，是的！但不可能嗎？當然不是！我認為你有能力做到。

　　忘記那些最著名的有錢人！我那25,000名客戶都是有閒錢投資、相對富有的人，他們都是靠本書所述的其中一條致富之路成為有錢人的。多數是走儲蓄投資之路，但也有許多人靠其他途徑發財。有一些人的手段可能令你反感，例如跟有錢人結婚或當一名敲詐勒索的原告律師，但這些人都清楚知道自己在做什麼，而且自我感覺良好。我看到他們都為自己掙得大量的財富，而方法是那些認為你不應該追求財富的人所想像不到的。因此我很清楚你也可以致富。

　　現在就看你了。你已經了解取財之道，看到許多榜樣，明白該做與不該做什麼。現在是你選擇的時候。記住，你不必一開始就選對路，重點在於嘗試。初期的失敗是常見的事，並不代表永久的絕境。從失敗中吸取教訓，嘗試別的方法，跌倒了站起來再嘗試。在你屢敗屢試的過程中，成功的機率會持續升高，而你也將自然地日漸富有。時機成熟時，成果自然會出現。你也不例外。感謝你閱讀此書並認真考慮致富。

謝辭

本書的概念源自出版經紀人Jeff Herman、在下以及David Pugh的對話，後者是John Wiley & Sons編輯，負責出版我2006年登上紐約時報暢銷書榜的著作《投資最重要的3個問題》（*The Only Three Questions That Count*）。在該書出版前，Jeff希望我寫一本以財富爲中心，無所不包的著作。我那時已經很久、很久沒寫書，並不想做這樣一件事。結果寫出來的是《投資最重要的3個問題》，一本題材遠爲集中，以資本市場爲題材的書，這是我有信心可以提供獨特心得的領域。但此後Jeff仍要求我寫一本有關財富的書，而David也想再出一本（題材更廣，對他來說意味著銷路也可能更廣）。我們開始討論以超級富豪爲中心、爲其他人提供致富路徑圖後，我才眞正看到自己想寫的內容，並且知道自己能寫出來。就此而言，我要感謝他們兩位對我的耐心。

然後我便回頭找跟我合著《投資最重要的3個問題》的菈菈・霍夫曼斯（Lara Hoffmans）。在寫作該書前，她是我公司客戶服務部的投資顧問，但此後即轉任公司內容部門的經理。

該部門負責製作公司所有與客戶書面溝通的內容，包括投資回顧、行銷資料以及我們每日的網路雜誌www.marketminder.com。另外，內容部門亦負責與John Wiley & Sons合作出版「Fisher Investments Press」系列投資專著，這是資產管理公司首創之舉。菈菈對此貢獻良多。

事實上，此系列著作很快登場，2009年2月至3月間即出版了能源股、原物料股以及全球投資三本投資指南，未來數年還將出版數十本。這些書全部由Fisher Investments的研究團隊撰寫，除了是我的公司外，跟我沒有任何關係。我將忙於該系列著作的菈菈帶走，讓她暫時致力與我合著此書——完成後她就重返內容部門了。我們每週見面，討論此書的結構、題材、內容，以及需要完成的事項。然後菈菈會開始收集資料，並按我想像的目標擬出每一章的草稿。她的幫忙讓我得以完成我日常應盡的職責，也就是在自己公司的例行工作。

在此過程中，菈菈將內容部門同事Carolyn Feng帶進來，讓她負責進一步的資料收集以及事實查核。另外兩名內容部門同事Evelyn Chea與Dina Ezzat則負責查核事實，編輯文字，以及其他細節，如遍及本書的註釋。

然後我會在晚間與週末修改／重寫她們交給我的草稿，交給菈菈和她的團隊整理並糾正錯誤，然後我會再修改／重寫，如是者每一章會做五到七次。菈菈和她的同事在此過程中投入很多心力，但此書從構思到最後的文字——包括任何疏漏與錯誤——仍是我的作品。如果你發現此書有錯，那是我的責任，不是她們的。但如果沒有她們，我不會有耐性或時間開始並完成這本書。菈菈貢獻尤其多，這就是為何她的名字會和我的一同出現在封面上。

我公司中其他對此書有所貢獻的同事還包括品牌經理Molly Lienesch、創新主管Marc Haberman、集團行銷副總裁Tommy Romero，以及網路主管Fab Ornani。此書會是現在的模樣，在很多方面是拜他們的建議所賜。

雖然這是一本主要講人的書，但如果沒有多個資料來源的慷慨協助，我不可能把它完成。因此，我必須感謝允許我使用這些資料的人士，包括Global Financial Data的Bryan Taylor以及Thomson Datastream的Rob Carr。近年來，使用資料的能力大幅提升，這本書中即有許多註釋源自上述資料來源。如果沒有這些資料來源提供的背景支持，我就無法提出一些看似怪異的觀點。

另外，不言而喻的是，我大量使用「富比世美國400大富豪榜」的資料，從最新的到1982年的最初那次，以及較新近的富比世全球富豪榜。為什麼不用呢？畢竟這些排行榜是衡量美國及全球超級富豪的黃金標準，沒有它們的話，這些人如何致富也就失去量度基礎。富比世400大富豪榜源自Malcolm Forbes的遊戲之作，但現已演變成全球通行的財富量化標準，這是富比世作為一家出版機構對世界的另一重大貢獻。

　　我得感謝傑夫‧席克（Jeff Silk），他是我公司的副董事長，跟我攜手合作已二十五年之久。我在第3章中詳述他的事跡，作為成功副手的範例。傑夫看過本書的一些章節並提出建議，因此改善了本書的品質。事實上，所有傑夫經手的東西都會變得更好。

　　我的老友與夥伴、證券律師與基金經理人、Purisima Funds董事長及美國證券交易委員會（SEC）前主管格佛‧威克夏姆（Grover Wickersham）看過本書大部分內容，並逐行逐頁提出極為具體的修改建議，我採納了其中約75%。他對本書及我的前著同樣貢獻巨大。他坐飛機時修改我的草稿，過程跨越兩大洲與三個國家，半夜裡將修訂版傳真給我，如果我不接受他的建議他就跟我理論。有格佛這樣的朋友，我真的不必害怕任何敵人了。我只希望他把字寫得清楚易認些，因為我得看他大量的手寫文字。事實上，我在第1章及第9章有簡短地提到他。如果我更常提到他，這本書應該會更好。

　　講到律師，Fred Harring看過全書，審視誹謗風險，確保我不會被告到脫褲子。雖然我還是有可能因為書中的某些言論而被控誹謗，但至少我有信心自己在法庭上站得住腳。聖地牙哥原告律師達人Scott Metzger特別審視了第6章的誹謗風險，結果和Fred所見略同。我感謝他們讓我感到雙重安心。

　　對了，還有我的朋友們。我在書中提到很多朋友。這麼做可是得冒很大風險的，因為他們可能不喜歡我的描述，搞不好會跟我絕交。因為人數眾多，這裡無法一一列出，我就整體致謝好了，並且希望他們在看過這本書後，還願意跟我做朋友。

還有，當然得感謝推薦本書的人士。他們很快看完草稿後便得提出這些溢美之辭，真是辛苦了。

最後，和以往一樣，這本書成了我冷落太太的一個藉口。跟我共同生活已38年的太太，數十年來練就了非凡的本領，在我需要暫時埋首寫作時，總是能寬容我。我因為這本書而欠她的晚間與週末時光，永遠也無法完全彌補。像這樣一本書乃出於熱愛之作，而我的太太貢獻良多。有愛真好。

我的事業已進入晚期，過去的時光遠超過所剩下的數年時間。但這一路上樂趣無窮，未來也將是如此。寫這樣一本書其實完全偏離我的日常工作，但對我來說也是樂趣無窮的事，比我所能想像的任何娛樂都更有趣。因此，我也要感謝你——我的讀者。若不是大家捧場，出版商及其他人是不會縱容我享受這種樂趣的。真的感謝大家。

肯恩・費雪

加州，Woodside

投資理財 118

10條路，賺很大！——富比世超級富豪肯恩‧費雪教你如何變有錢！
The Ten Roads to Riches: The Ways the Wealthy Got There (And How You Can Too!)

作者‧肯恩‧費雪Ken Fisher×菈菈‧霍夫曼斯Lara Hoffmans｜譯者‧許瑞宋｜總編輯‧楊森｜副總編輯‧許秀惠｜主編‧金薇華｜責任編輯‧陳盈華｜行銷企畫‧呂鈺清｜封面設計‧莊謹銘｜封面插畫‧ㄓㄨˋ｜出版者‧財信出版有限公司／台北市中山區10444南京東路一段52號11樓｜訂購服務專線‧886-2-2511-1107｜訂購服務傳真‧886-2-2511-0185｜郵撥‧50052757財信出版有限公司｜部落格‧http://wealthpress.pixnet.net/blog｜印製‧中原造像股份有限公司｜總經銷‧聯豐書報社／台北市大同區10350重慶北路一段83巷43號／電話：886-2-2556-9711｜初版一刷‧2009年9月｜定價‧360元｜有著作權‧侵犯必究｜本書如有缺頁、破損、裝訂錯誤，請寄回更換｜Printed in Taiwan. All Rights Reserved.

國家圖書館出版品預行編目資料

10條路，賺很大！：富比世超級富豪肯恩‧費雪教你如何變有錢！／肯恩‧費雪（Ken Fisher），菈菈‧霍夫曼斯（Lara Hoffmans）著；許瑞宋譯. -- 初版. -- 臺北市：財信，2009.09
　　面；　公分.--（投資理財；118）
譯自：The Ten Roads to Riches: The Ways the Wealthy Got There (And How You Can Too!)
ISBN 978-986-6602-64-1（平裝）

1. 成功法　2. 財富

177.2　　　　　　　　　　　　　98015537